"数据标注"人才培养系列丛书

数据标注实训

- 组　编　辽宁盘石数据科技有限公司
- 主　编　张熠天　王会珍　郑　爽
- 副主编　王　浩　刘　潮

高级

电子工业出版社
Publishing House of Electronics Industry
北京·BEIJING

内 容 简 介

数据标注乃至人工智能行业的发展关键在于专业人才的培养。在未来几十年，数据标注会伴随着人工智能需求的不断提高而不断发展。

本书对数据标注、数据处理、项目管理、问句复述标注、拼音停顿标注和 3D 点云标注进行逐一讲解和分析，每种标注类型均配有对应的规范、举例分析、习题与解析。本书还针对各类标注类型配套了多种子任务类型或多个领域的实操练习题，目的是帮助数据标注学习者掌握相关知识，从而实现系统、完整的数据标注技能学习和实战练习。

本书是一本专门面向数据标注人才培养的实训教材，适用于有意从事人工智能训练师或数据标注工作的人员。

未经许可，不得以任何方式复制或抄袭本书之部分或全部内容。
版权所有，侵权必究。

图书在版编目（CIP）数据

数据标注实训：高级 / 张熠天，王会珍，郑爽主编．—北京：电子工业出版社，2024.3
ISBN 978-7-121-47605-1

Ⅰ．①数… Ⅱ．①张… ②王… ③郑… Ⅲ．①数据处理－高等学校－教材 Ⅳ．① TP274
中国国家版本馆 CIP 数据核字（2024）第 064593 号

责任编辑：杨　波
印　　刷：山东华立印务有限公司
装　　订：山东华立印务有限公司
出版发行：电子工业出版社
　　　　　北京市海淀区万寿路 173 信箱　　　　邮编：100036
开　　本：787×1 092　　1/16　　印张：11.25　　字数：208 千字
版　　次：2024 年 3 月第 1 版
印　　次：2024 年 3 月第 1 次印刷
定　　价：88.00 元

凡所购买电子工业出版社图书有缺损问题，请向购买书店调换。若书店售缺，请与本社发行部联系，联系及邮购电话：（010）88254888，88258888。
质量投诉请发邮件至 zlts@phei.com.cn，盗版侵权举报请发邮件至 dbqq@phei.com.cn。
本书咨询联系方式：（010）88254617，luomn@phei.com.cn。

序

目前，我们正在经历人工智能的第三次浪潮。数据标注是被人工智能催生出来的新兴职业，对人工智能的实现至关重要，也因人工智能技术落地的大量需求而进入从业者的视野。近几年，在数据标注的助力下，人工智能的应用场景不断落地，让大家享受到了人工智能的便利。

随着人工智能技术的发展，数据标注行业面临的挑战也越来越大，这种挑战主要体现在两方面：一方面是对数据标注的质量要求越来越高，人工智能正在经历着从1到2的发展过程，需要更多高质量的带标数据支撑，人工智能发展初期的准确率已无法满足当今人工智能技术发展的需要；另一方面是数据标注任务的难度越来越高，随着人工智能技术的日趋成熟，人工智能任务的难度与数据标注的难度也在不断提高。

这些都对数据标注人员提出了更高的要求，一方面要求数据标注人员在工作时更加细心，另一方面要求数据标注人员具有更高的素质。基于这种趋势，数据标注人员要想在数据标注行业取得持续性发展，就要不断提高自身的能力和素质，向专业化方向发展。

事在人为，业以人兴。数据标注乃至人工智能行业的发展关键在于专业人才的培养。在未来几十年，数据标注会伴随着人工智能需求的不断提高而不断发展。我相信会有更多的年轻人愿意加入数据标注行业，享受学习的福利与时

代的红利,也相信本书能为他们的职业生涯助一臂之力,为求知者打开一扇新领域的大门。我期待数据标注人员能够利用自己卓越的数据标注技能,通过计算机及智能设备给人类提供更丰富的智能服务。

中国中文信息学会名誉理事长

哈尔滨工业大学教授

李　生

前言

近年来，人工智能技术飞速发展，使得种类繁多的智能应用落地，进入大众的视野。在这之前人工智能的概念早已被提出，但大多只存在于理论层面，而数据标注行业的崛起却成为人工智能技术加速落地的关键因素之一。因此，无论是企业层面还是政府层面，如今对于数据标注的重视程度都有明显的提升，纷纷加大了相应的投入和扶持力度。

2020年2月，人力资源和社会保障部与国家市场监督管理总局、国家统计局联合发布了《人力资源社会保障部办公厅 市场监管总局办公厅 统计局办公室关于发布智能制造工程技术人员等职业信息的通知》（人社厅发〔2020〕17号），明确将人工智能训练师纳入新增职业，同时再次明确，其工种包括但不限于数据标注员和人工智能算法测试员。

由于人工智能行业对数据标注需求的激增，从事数据标注工作的人员数量出现了空前的增长。目前，我国从事数据标注工作的专职人员数量已经超过了20万人，兼职人员不计其数。在未来5～10年里，伴随着人工智能技术的发展，数据标注行业的专职人员规模将呈现几何式增长。对于人工智能行业来说，数据标注人员可谓供不应求，而数据标注作为近年来新兴的职业之一，正以茁壮的势头蓬勃发展。

然而，由于数据标注行业尚处于起步发展阶段，行业内如今缺少相应的资格评定，数据标注人员均处于无证从业的状态，缺乏规范的管理，也没有系统

的人才培养体系。众多数据标注人员的业务能力水平参差不齐，院校内也鲜有系统化的数据标注人员培养课程，严重制约了数据标注行业的发展。

  本书是一本专门面向数据标注人才培养的实训教材，适用于有意从事人工智能训练师或数据标注工作的人员。

  由于编者水平有限，书中难免存在疏漏与不足之处，希望广大同行专家和读者给予批评指正。如有建议，请发送至邮箱 business@panshidata.com。

编 者

目 录

第1章 数据处理技术基础 001

 1.1 数据清洗 002

  1.1.1 数据清洗的常见操作 002

  1.1.2 数据清洗操作详解 003

 1.2 数据安全 011

  1.2.1 数据安全的概念 011

  1.2.2 数据安全措施的制定流程 012

  1.2.3 保证数据安全的手段 014

 1.3 实训习题 017

 本章小结 017

第2章 项目管理进阶 019

 2.1 项目规划设计 019

  2.1.1 何为项目规划 020

　　　2.1.2　项目规划的流程 020

　　　2.1.3　项目规划的内容 021

　　　2.1.4　标注项目规划 023

　2.2　标注项目需求分析 030

　　　2.2.1　需求 031

　　　2.2.2　需求分析 032

　　　2.2.3　标注项目需求分析详解 034

　2.3　标注流程设计 042

　　　2.3.1　标注流程 043

　　　2.3.2　标注流程设计原则 046

　　　2.3.3　标注流程中常见环节关注点及其设计 048

　　　2.3.4　标注流程中的"技术赋能"操作 054

　　　2.3.5　标注流程设计中的误区 055

　2.4　标注规范设计 057

　　　2.4.1　为什么要设计标注规范 057

　　　2.4.2　标注规范设计原则 059

　　　2.4.3　标注规范的设计 060

　　　2.4.4　标注规范设计中的误区 063

　2.5　标注系统设计 064

　　　2.5.1　为什么要设计标注系统 064

  2.5.2 标注系统设计原则 066

  2.5.3 标注系统的设计 068

  2.5.4 标注系统部分标注类型标注页面设计方案对比分析 073

  2.5.5 标注系统中的智能化操作 078

2.6 标注项目培训 080

  2.6.1 标注项目培训的内容 080

  2.6.2 标注项目培训的方式 082

  2.6.3 标注项目培训的基本过程 083

  2.6.4 标注项目培训方案的制定 085

  2.6.5 标注项目培训需要特别关注的关键内容 088

2.7 实训习题 089

本章小结 090

第3章 问句复述标注 092

3.1 认识问句复述 092

  3.1.1 问句复述的意义 093

  3.1.2 问句复述中需要明确的概念 093

3.2 问句复述标注实战 094

  3.2.1 问句复述标注规范 095

  3.2.2 案例分析 102

3.3 实训习题 103

本章小结 103

第4章　3D点云标注 105

4.1　认识3D点云 105

4.1.1　什么是3D点云 105

4.1.2　3D点云的常见应用领域 106

4.1.3　3D点云相关研究内容 108

4.2　什么是3D点云标注 108

4.3　3D点云标注实战 111

4.3.1　3D点云标注规范 111

4.3.2　案例分析 129

4.4　实训习题 130

本章小结 131

第5章　语音合成——拼音停顿标注 132

5.1　认识语音合成及其相关标注类型 132

5.1.1　语音合成技术 133

5.1.2　语音合成技术中的标注类型 134

5.2　拼音停顿标注实战 135

5.2.1　拼音停顿标注规范 135

5.2.2　案例分析 147

5.3　实训习题 147

　　本章小结 148

第 6 章　数据处理实战 149

　6.1　问句复述原始数据处理实战 149

　　　6.1.1　处理规则 150

　　　6.1.2　清洗实例 151

　6.2　音频数据预处理 153

　　　6.2.1　音频数据处理要求 153

　　　6.2.2　音频数据处理步骤 154

　6.3　实训习题 163

　　本章小结 163

附录 A 165

第 1 章

数据处理技术基础

数据与算法的关系就如同汽油与汽车的关系。将汽油从原油中提炼出来，需要进行复杂的化工精馏过程。同样，未经过处理的原始数据就好比原油，也需要经过一些数据处理手段，从而得到符合项目需求的数据。

在数据标注领域中，数据处理是指通过清洗重复的、混乱的、不符合项目要求的原始数据，并以客户期望的格式输出的过程。其目的是减少后期标注工作中可能出现的数据缺失、越界、不一致、重复等问题，提高标注人员的工作效率。如图 1-1 所示，正文中有很多空值的数据就需要进行数据清洗。

图 1-1　需要清洗的数据

1.1 数据清洗

在数据采集的过程中，无论以何种采集方法得到数据，都会不可避免地得到"脏数据"。这些"脏数据"可能包括无效数据、缺失数据及数据不一致等情况，严重影响后期标注工作的难度和效率。

在数据标注领域中，数据清洗的目的在于提高数据标注的质量，为数据标注任务提供一个相对整洁有效的数据，降低数据标注过程中的工作量，提高数据标注任务完成的效率。

1.1.1 数据清洗的常见操作

数据标注领域中的数据清洗操作一般需要针对具体项目设计，但根据不同的数据可以归纳出相应的数据清洗方法，主要包括以下方面。

1. 不完整数据

数据在采集或标注的过程中均会出现不同情况的数据缺失，这就是不完整数据，其常见的处理方法包括以下两种。

（1）填补数据：总体数据量不大，但缺失的数据很重要，需要重新填补数据。

（2）删除数据：当遇到数据规模很大，数据缺失部分占比很小，或者缺失的数据无法填补等情况时，需要根据实际情况对缺失的数据进行整体删除。

需要注意的是，针对数据不完整问题，优先考虑的是填补数据，减少对采集数据量的影响。

2. 噪声数据

噪声数据常见于各种数据中，其对模型的影响要根据实际情况进行分析。在数据标注领域中，噪声数据主要集中在异常值的处理中。异常值是指超过明确取值范围的值。我们可以通过简单的规则来检查噪声数据，或者使用不同属性间的约束、外部数据来检查和清洗噪声数据。

3. 重复的数据

在进行数据标注前，数据重复会产生重复的标注动作，造成标注资源的浪费。数据去重操作一般在其他数据清洗操作之后，原因在于清洗其他数据仍然会造成小概率出现重复数据的可能性。

4. 错误数据

一些数据自身存在客观性错误，如错别字、多余字符、知识性错误等。一般处理方式为更改其错误或删除该条数据。

5. 格式不合规的数据

项目需求格式与原始数据不一致，当出现偏差较大时也需要清洗数据。

1.1.2 数据清洗操作详解

数据清洗的难点在于数据类型的多种多样，导致不同数据、不同项目或不同模型所涉及的数据清洗方法完全不一致。下面将根据数据常见形式对应的数据清洗操作进行详细介绍。

1. 非结构化数据

非结构化数据一般指不完整、不规则、没有结构层级的数据。采集到的原始数据大多数为非结构化数据。与结构化数据相比，非结构化数据的来源非常广泛，生产速度更快，因此其清洗更为困难。

在数据标注领域中，非结构化数据常见于数据标注之前。通过对非结构化数据的标注，生产出包含原始数据信息及标注信息的结构化数据或半结构化数据，以便在后续的数据分析及模型训练时使用。常见的非结构化数据包括文本、图片、音频、视频、网页及各种传感器数据等。

1）文本数据清洗

任何数据的清洗都要根据项目需求进行具体分析。如果是针对中文文本的自然语言处理项目，则要根据项目需求与数据量级，处理文本中出现的不相关英文字符、特殊符号及无意义的数值。图 1-2 所示为未经清洗的文本数据。

数据标注 实训（高级）

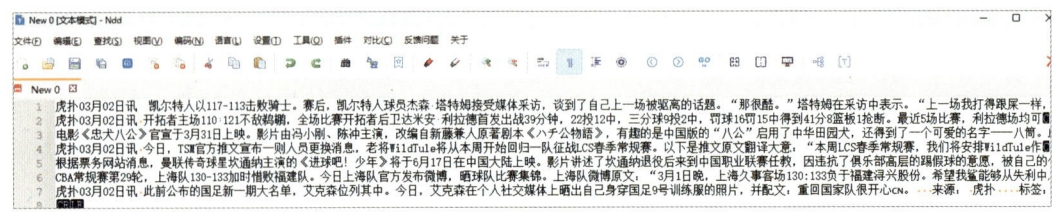

图 1-2　未经清洗的文本数据

在进行数据标注前，需要清洗与需求数据不相关的文本数据，可以让数据更整洁，使标注任务更明确。这里使用的工具是文本编辑器，还可以自行选择软件工具，这里不做更多介绍。那么如何对该文本数据进行清洗，这里介绍一种强大的文本处理方法——正则表达式。

正则表达式是由普通字符和特殊字符（特殊字符也被称为"元字符"）组成的。例如，a 到 z 之间的字母、0 到 9 之间的数字或任意汉字都被称为"普通字符"。元字符具有特殊含义，用来表示一些特定的匹配规则。常见的元字符如表 1-1 所示。

表 1-1　常见的元字符

元　字　符	含　　义
\n	匹配一个换行符
\r	匹配一个回车符
.	匹配除换行符外的任意字符
\d	匹配数字
\D	匹配非数字
\w	匹配字母、数字或下画线
\W	匹配非字母、数字或下画线
\S	匹配空白字符（包括空格、制表符、换行符等）
\s	匹配非空白字符
^	匹配字符串开头
$	匹配字符串结尾
[abc]	匹配所包含的任意一个字符
[^abc]	匹配未包含的任意一个字符
[\u4e00-\u9fa5]	匹配所包含的任意一个汉字
[^\u4e00-\u9fa5]	匹配所包含的任意一个非汉字
⋮	⋮

表 1-1 中列举了一些常见的元字符。要特别注意的是，"[abc]"主要强调的是"[ ]"，其中可以自行输入想要匹配的字符，但是仅匹配其中的一个字符。例如，"[abc]"表示匹配 a、b、c 中的任意一个字母；"[a-z]"表示匹配任意小写字母，"[A-Z]"表示匹配任意大写字母，"[0-9]"表示匹配任意数字；"[^abc]"表示匹配除 a、b、c 外的任意字符。"[\u4e00-\u9fa5]"表示中文全部范围的 Unicode 编码用来匹配任意汉字。除了表中的元字符，还有一些其他元字符，如换页符、制表符等。

普通字符与元字符能够匹配任意的单一字符，但当某个字符重复出现多次或特定次数时，可以通过组合限定符进行匹配。常见的限定符如表 1-2 所示。

表 1-2　常见的限定符

限　定　符	含　义
*	表示前面的元素出现零次或多次
+	表示前面的元素出现一次或多次
?	表示前面的元素出现零次或一次
{n}	表示前面的元素出现 n 次
{n,m}	表示前面的元素出现 n 到 m 次

此外，还有分组、选择及转义。

（1）分组是指用圆括号"( )"把一个子模式括起来，表示这个子模式作为一个整体进行匹配。

（2）选择是指用竖线"|"把两个子模式分开，表示匹配这两个子模式中的任意一个。

（3）转义是指在一个特殊含义的字符前面加上反斜杠"\"，表示取消这个字符原本的含义，按照字面值进行匹配。

下面用实例说明。利用正则表达式匹配书名，首先打开"查找与替换"对话框，选中"正则表达式"单选按钮。这里通过字符《.*?》匹配了文本中的 5 个书名。其中，"."为正则表达式的普通字符，表示匹配除换行符外的任何字符；"*"为正则表达式中的限定符，表示匹配零次或多次前面的子表达式；"?"也是正则表达式中的限定符，表示匹配零次或一次前面的子表达式，这样就匹配了书名号中的任意字符，如图 1-3 所示。

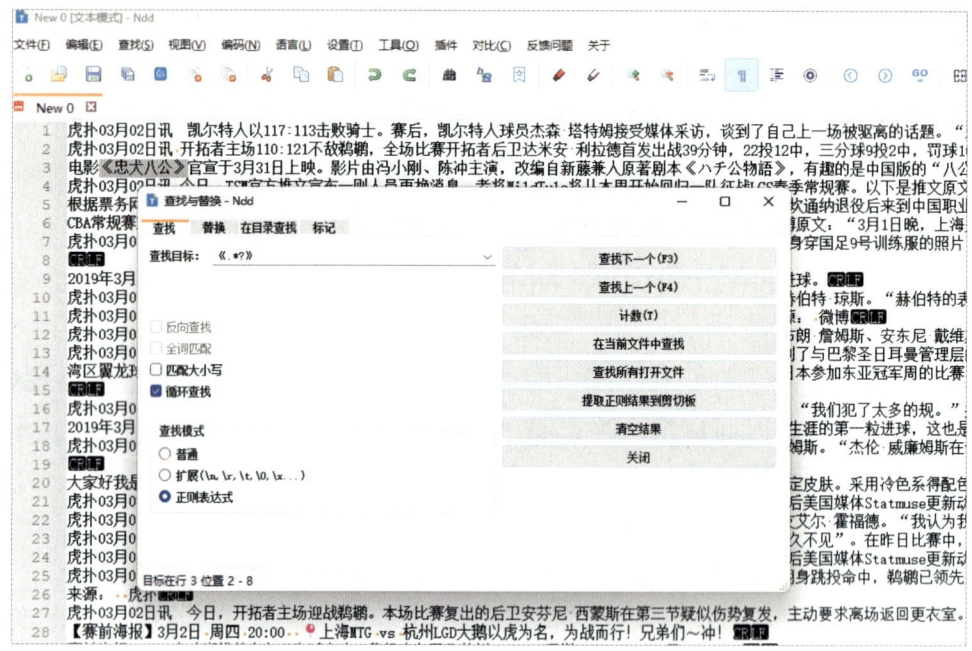

图 1-3 利用正则表达式匹配书名

如果去掉"?"限定符,则会匹配更多长度的字符,造成匹配不当,如图 1-4 所示。

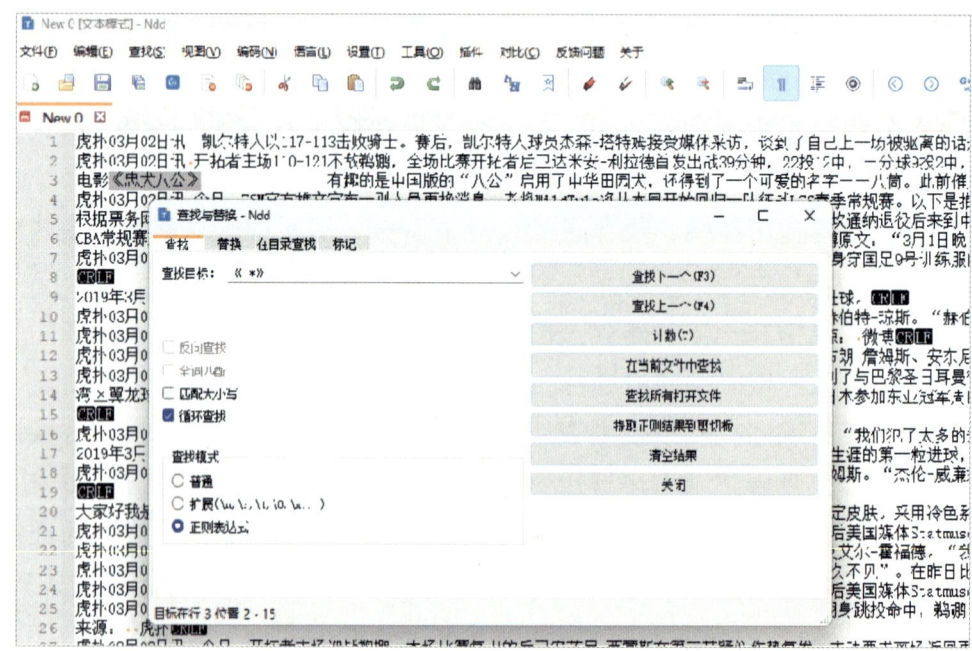

图 1-4 去掉"?"限定符后的匹配情况

同样可以通过"查找与替换"对话框对文本进行清洗,如图 1-5 所示,先通过"\r\n"匹配回车符和换行符，大部分工具都可以显示回车符和换行符。

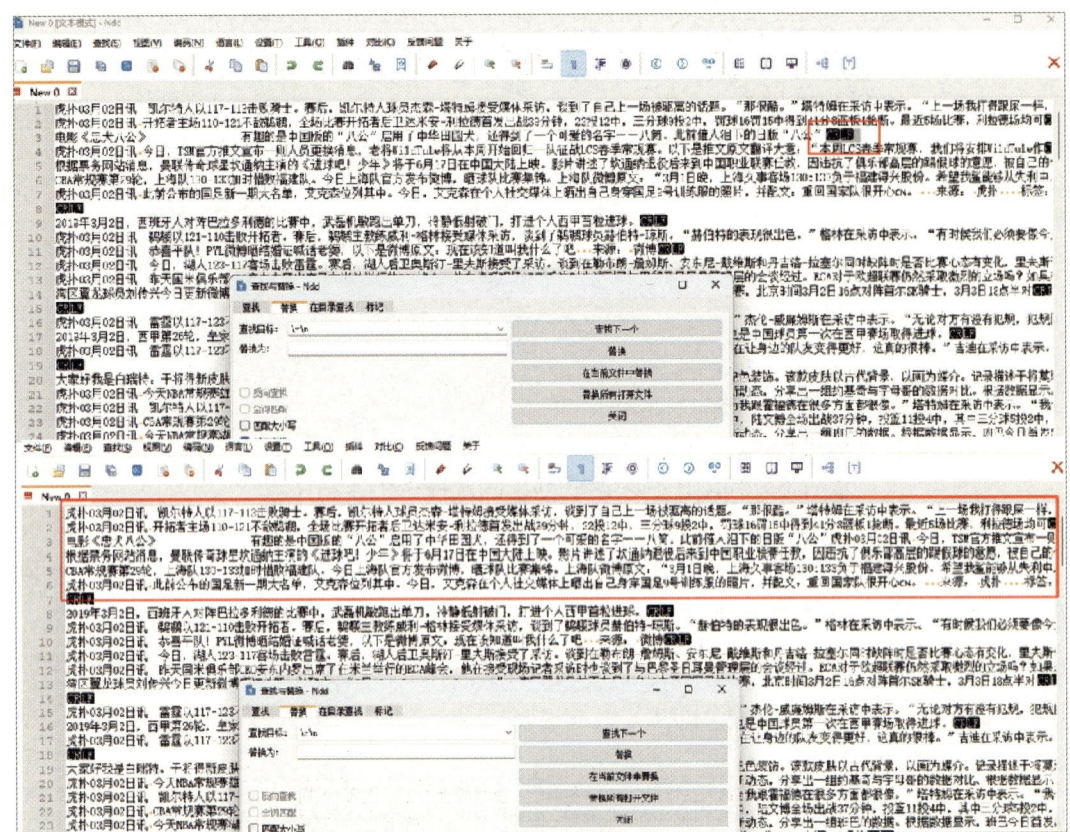

图 1-5　利用正则表达式匹配回车符和换行符

如图 1-6 所示，通过"&#[0-9]{5};"匹配文本中固定模式的字符，将其全部替换为空值。

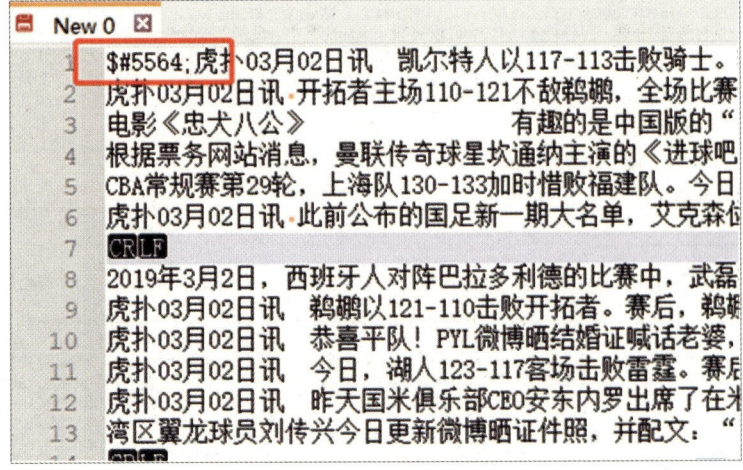

图 1-6　利用正则表达式匹配固定模式的字符

数据标注实训（高级）

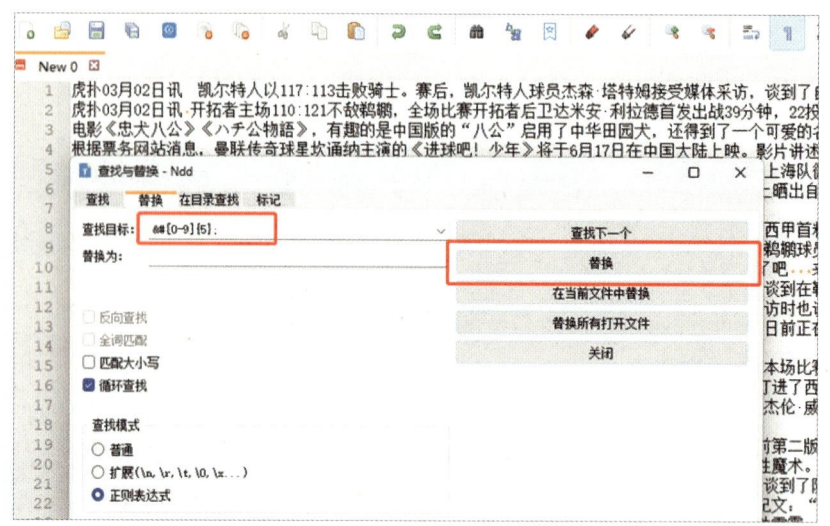

图 1-6　利用正则表达式匹配固定模式的字符（续）

如图 1-7 所示，特殊字符集网址等其他特殊字符均可通过匹配替换的方式清除，但是这里要注意的是数据清洗的成本。数据清洗不仅要考虑数据质量，也要考虑数据清洗的成本，对于图 1-6 这种出现极少的情况可以选择不清洗，在数据标注过程中手动删除即可。

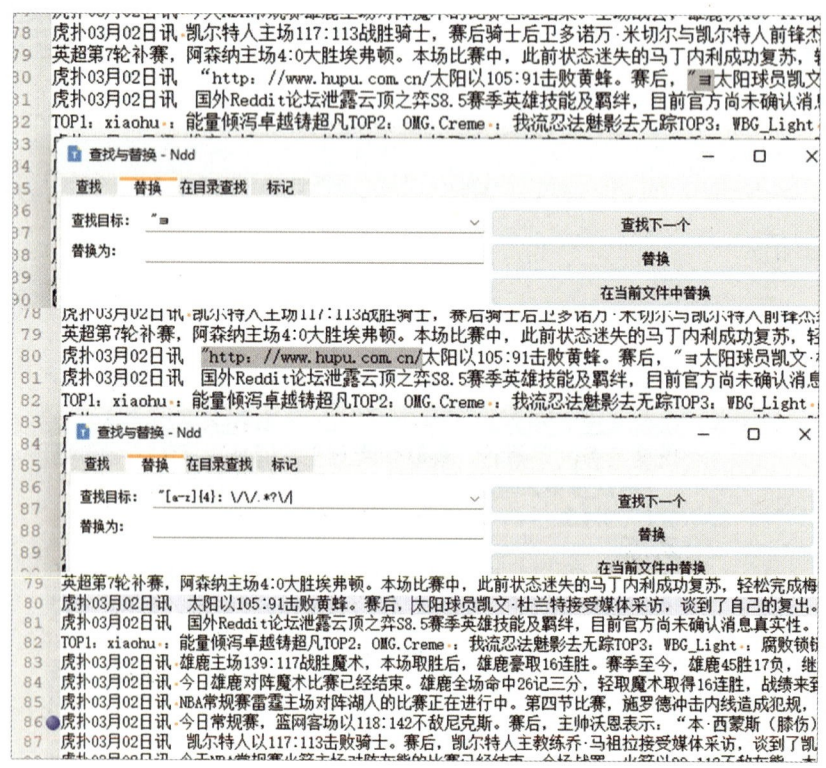

图 1-7　利用正则表达式匹配其他特殊字符

数据清洗的方法灵活多样，正则表达式的使用方法同样灵活，这里无法详细介绍正则表达式的全部内容，仅展示正则表达式的强大效果。正则表达式支持诸多工具，用户可以进行有效实践，具体内容还需要通过阅读相关资料继续深入了解。

2）图片、音频、视频等数据清洗

针对图片、音频、视频等非结构化数据，常见的数据清洗操作为去重或去除固定条件下的内容。重复数据会给标注任务带来负担，固定条件外的数据（如大小不足要求的数据）同样会造成标注资源的浪费。图片、音频、视频等数据在计算机中是二进制编码，可以通过脚本语言进行清洗操作。针对常见的数据去重等清洗操作，可以使用去重工具进行。这里使用的去重工具为 Duplicate Cleaner Pro，如图 1-8 所示。

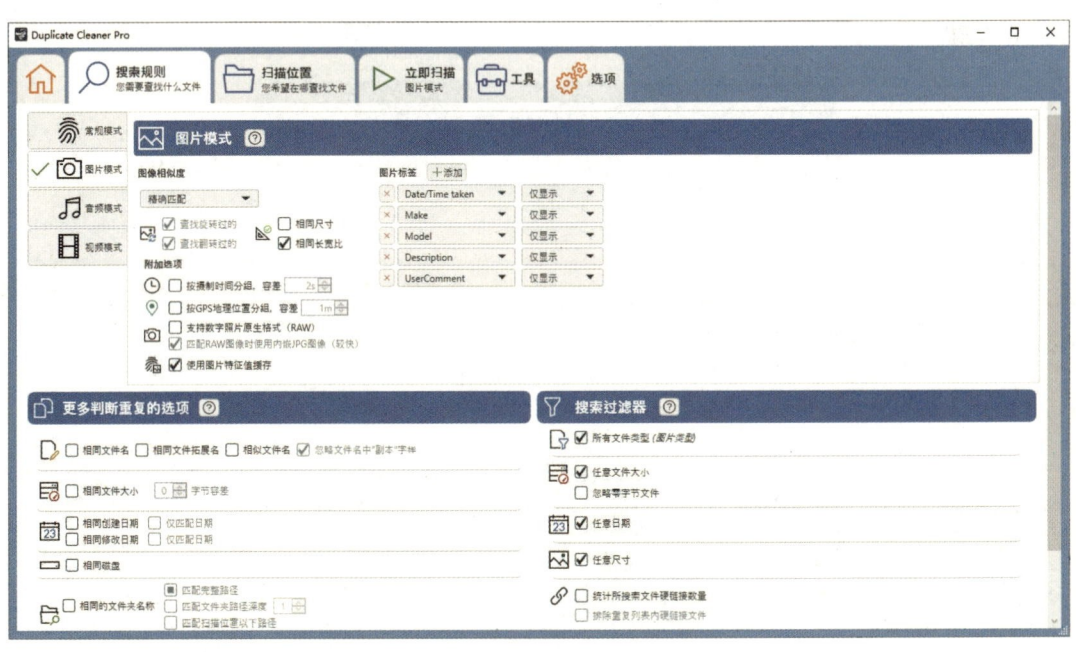

图 1-8　去重工具 Duplicate Cleaner Pro

通过设置搜索规则完成对重复图片的搜索，如图 1-9、图 1-10 所示，选择要处理的文件，如图 1-11 所示，最终完成对数据的清洗。类似的数据清洗工具还有很多，用户可以根据实际情况选择使用。

数据标注实训(高级)

图 1-9 设置搜索规则

图 1-10 完成对重复图片的搜索

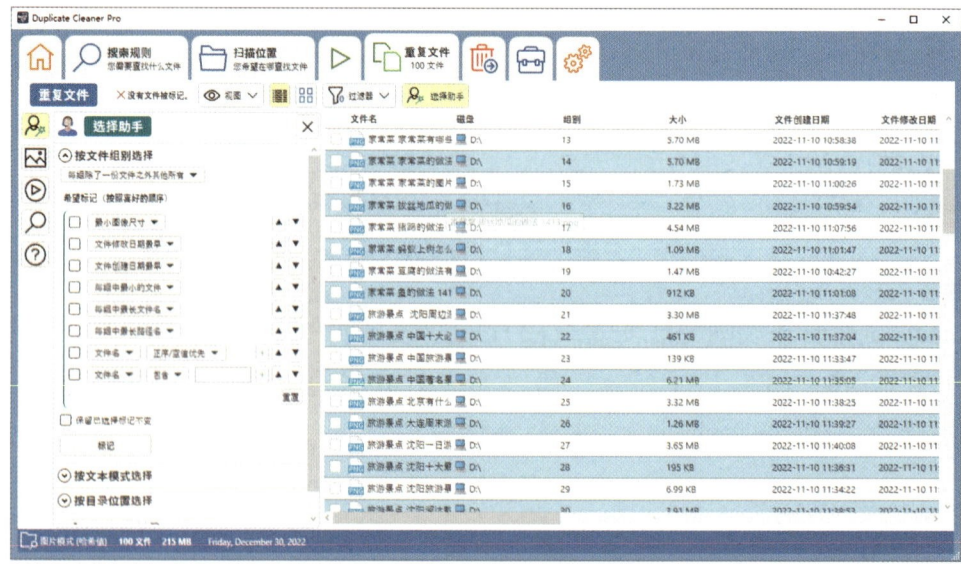

图 1-11 选择要处理的文件

2. 结构化数据

结构化数据也被称为"行数据",即以二维表结构来逻辑表达和实现的数据,如图 1-12 所示。

图 1-12　结构化数据示例

与非结构化数据相比,结构化数据更易于查看与搜索,但是也有更严格的数据格式要求。因此,对二维表的数据清洗更为复杂,如图 1-13(a)所示,这里使用 Excel 进行数据清洗,Excel 适用于小规模数据、数据属性较多的情况;还可以使用脚本语言等进行更为精细的处理,最终达到如图 1-13(b)所示的效果,具体操作方法不再详述。

（a）二维表数据清洗前　　　　（b）二维表数据清洗后

图 1-13　二维表数据清洗前后对比

1.2 数据安全

1.2.1 数据安全的概念

数据安全是指通过采取必要措施,确保数据处于有效保护和合法利用的状态，以及具备保障持续安全状态的能力。目前，随着信息技术的飞速发展，对数据的要求及数据的价值都在逐渐增加。因此，保障信息资产将会变得愈发重要。一个完善的数据安全体系本身就具有宝贵的价值，不但可以降低数据安全风险，还可以提升产品的竞争优势。

数据具有多样性，不同数据的保密要求及实施办法也不尽相同。从数据安全角度考虑，这里将数据分为以下几类。

（1）个人及企业数据：如个人隐私、肖像及企业财务敏感数据等。

（2）业务数据：单位从事各项业务产生的有价值的数据。

（3）重要数据：涉及公共生命安全、国家安全的机密数据。

这里仅按照数据安全受限的等级进行一个简要分类，其保密等级要根据业务需求进行具体划分。

数据安全流程包括安全策略的规划、构建与执行，为访问数据提供身份验证、授权等操作，以及对过程的监管与治理等。目前尚且无法对所有的隐私和保密要求提出一套通用的数据安全实施办法。

1.2.2 数据安全措施的制定流程

数据安全的主要目的是防止数据泄露。一起数据泄露事件可以是个人无意中将部分涉密信息遗失在公共环境；也可以是企业或个人为了获取更多利益将数据进行私下交易；甚至是黑客组织破坏政府防火墙，窃取政治机密文件。在数据标注领域中，数据经过标注人员标注后会产生额外的价值，即使原内容不会涉及隐私或机密，在标注后也同样具有商业价值，因此数据安全在数据标注领域尤为重要。通用的数据安全措施的制定流程如下。

1. 分析数据安全需求

1）业务需求

数据标注领域中涉及的数据众多，其中不乏一些隐私或机密数据。针对不同的标注项目，要全面分析对数据安全的业务需求。通过对业务需求的分析及工作流程，针对可能出现的安全风险环节提出安全保证措施。

2）监管需求

在考虑业务需求的同时，还要实时关注政府的监管需求。明确政府制定的法律法规，完善业务需求之外的安全控制。监管需求适用于任何数据，可以在业务需求之前完善。

3）评估当前风险

在明确各个项目安全需求的同时，还要评估当前风险，不同的安全需求可能需要不同的保护措施。也就是要评估现有的安全保护措施能否支持当前项目的安全需求，并以此进行改进，降低安全风险。

2. 制定数据安全标准

1）制定数据安全制度

在制定数据安全制度时要基于业务规范和法律法规要求，如因未遵守公司制度导致数据泄露可能要承担相应的法律责任。常见的数据安全制度包括签订保密协议、数据存储介质的管理等。

2）细化数据保密等级

根据业务需求和监管需求对保密等级提出分级方案，一般可以细化为从外部公开到绝密的一系列保密等级。数据标注领域中的数据来源广泛，提出一个简单明确的分级方案尤为重要。需要注意的是，数据聚合会导致数据敏感性的变化，因此要明确数据聚合带来的保密等级影响。

3）定义角色权限

数据访问权限要根据角色进行定义，如用户、管理员或数据专员等。数据标注领域涉及的角色会比其他领域涉及的角色更多，因此要根据不同角色进行细化的权限分配。此外，还要额外考虑信任环境，因为信任环境会发生变化。例如，员工离职后，他仍然可以访问数据，这样就会产生数据泄露的风险。

3. 实施数据安全管控

1）密级的分配与管理

根据保密等级分级方案，对角色进行密级分配。要考虑角色权限变更或角色终止访问权限、监控权限级别等方面；还要根据密级等级对数据进行分类，针对安全漏洞的检测及如何处理检测到的数据泄露做好管控。

2）数据安全制度的实施

在制定完数据安全制度后，要根据数据安全制度，追踪整个数据安全流程，衡量其中管理法规是否符合规定，当发现潜在不符合规定的问题时要及时上报并妥善修正。在发布新的管理法规或现有管理法规变更后，要对数据安全流程进行重新评估。

1.2.3 保证数据安全的手段

保证数据安全的手段要根据数据类型、数据节点及角色管理等角度进行多维度使用，以达到降低数据安全风险的目的。以下对关于数据标注领域保证数据安全的手段进行分类介绍。

1. 系统手段

在数据标注领域中，标注系统是在线管理角色的主要方式，包括对角色进行有效的密级分配、访问控制及监控异常日志等。系统管理一般由专业人员进行构建及监控，需要确保系统不会出现安全漏洞，包括及时检测并修复出现的安全漏洞，通常采用的手段为构建防火墙或安装入侵监测软件。

2. 数据手段

在数据标注领域中，数据的移动过程有很多，如任务试标、任务派发及质检打回等。

根据项目需求，也并非都是在线任务，离线任务占比也相对较高。通过对敏感信息脱敏与数据加密，可以有效地降低数据移动过程中的安全风险。常用的数据手段如下。

1）数据脱敏

数据脱敏是指在保证数据原有特征及与其他数据关联性的原则下，对数据中的姓名、电话及身份证号等敏感信息，通过掩码、删除、替换等方法进行变更，从而在隐去敏感信息的同时不会影响数据的测试及应用。

根据数据脱敏的形式又分为"静态脱敏"和"动态脱敏"。其区别在于静态脱敏会永久地改变数据，而动态脱敏则是在访问过程中对数据外观进行改变，

并不会改变原始数据。

常用的数据脱敏方法如下。

数据替换：如将手机号码统一替换为"13900010002"。

无效化：如将地址替换为"************************"。

随机化：如将真实姓名替换为"张三""李四"等。

偏移和取整：如将"2022-08-31 13:08:50"替换为"2022-8-31 13:00:00"。

掩码屏蔽：如去除身份证号"210102********4567"中的生日信息。

灵活编码：有特定规则，如用固定的数字或字母替换真实的合同编号。

2）数据加密

数据加密是指通过特定的密钥及算法将数据转换为复杂代码以保障数据安全。与数据脱敏相比，数据加密会失去数据的原有特征，需要通过密钥及算法进行解密才可以使用。此外，数据脱敏还会更改原始数据，其过程一般不可逆，而数据加密、解密过程通常是可逆过程。常用的加密方法如下。

对称加密：对称加密是指使用一个密钥及特定的加密算法来进行加密，在解密时需要使用同一个密钥及算法进行解密。常见的对称加密算法有 Cypher、Twofish 及 Serpent 等。

非对称加密：与对称加密相比，非对称加密也具有加密、解密的过程，但是加密和解密的密钥不同。加密的密钥为公钥，解密的密钥为私钥。例如，在提交标注数据时，提交方来源众多而接收方数量较少，采用非对称加密方法就会十分有效。

哈希加密：哈希加密是指将任意长度数据转换为固定长度的加密数据，其最重要的特点是加密过程不可逆，常用于比较文件完整性或身份验证等。常用的哈希算法有 MD5 及 SHA。

3）数字水印

数字水印是指在音频、视频或图片数据这类的噪声耐受信号中隐蔽地嵌入包含版权、标识及身份等信息的特殊标记，通常用于数据源追踪、版权保护及篡改检测等。图 1-14 所示为保护版权而添加的水印。

3. 管理手段

1）设备管理

笔记本电脑、移动硬盘、平板电脑及智能手机等移动设备由于人为原因可

能会造成数据丢失、被盗及黑客入侵等情况，极大地提高了数据安全风险；因此要尽可能使用移动设备远程连接数据源，数据要尽可能存储在安全的环境中，并且要对移动设备中的重要数据进行及时清理。此外，安装安全软件和加密软件，对重要数据进行加密可以有效防止黑客攻击造成的数据泄露。

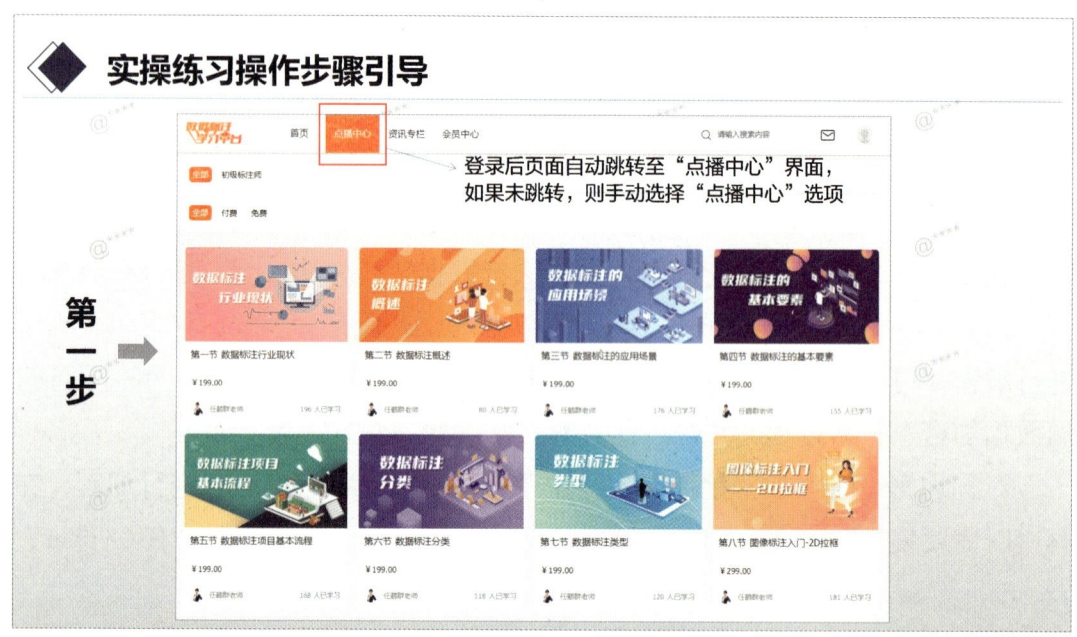

图 1-14　为保护版权而添加的水印

2）人员管理

几乎不可能保证数据的绝对安全，但是如果具有较强的数据安全意识并且结合安全管理手段，就可以极大限度地降低数据安全风险。因此增强数据安全意识是人员管理的首要工作。用户可以通过线上测试、线下培训及经验分享等方式增强数据安全意识，并且要求具有持续性；此外，还要强调安全法规要求及事故复盘等操作。

3）流程管理

数据安全管理的成功取决于管理的主动性及协同合作能力。根据安全需求的动态变化，各部门要相互协调，能够做到能及时应对，主动发现各个阶段潜在的安全漏洞并及时修正。此外，还要明确界定角色和职责，应该仔细监管各环节中的数据，确保在出现问题时能够准确定位。

1.3 实训习题

随堂练习 1：在数据标注领域的数据清洗操作中，虽然标注项目不同，但是方法和步骤基本相同。（　　）

随堂练习 2：如果不对"脏数据"进行数据处理，就会严重影响后期标注工作的难度和效率。（　　）

随堂练习 3：在数据安全的概念中，重要数据是指单位从事各项业务产生的有价值的数据。（　　）

随堂练习 4：正则表达式中"元字符"是具有特殊含义的字符，用来表示一些特定的匹配规则。（　　）

随堂练习 5：正则表达式由 _____ 字符和 _____ 字符组成。

随堂练习 6：数据安全的主要目的是 _____。

本章小结

本章对数据标注领域涉及的数据清洗方法进行了概括并介绍了数据安全的概念。

在数据清洗方面，由于数据标注领域涉及诸多数据类型，因此针对各种数据类型对应的数据处理方法进行介绍，包括数据清洗所使用的工具及方法，但是工具及方法均不唯一，仅供参考。对于各种数据类型需要处理的内容要因地制宜，数据本身就灵活多变，并且在数据标注领域涉及的数据类型较一般企业

的数据类型会更多，因此要更加严格对待数据。在进行数据标注前的数据清洗任务中，要根据任务需求，详细制定标准，在提高数据清洗能力的同时，也要减少在各个阶段出现数据错误的概率，这样才能保证数据标注整体的数据质量。

在数据安全方面，本章简要介绍了数据安全的概念、数据安全的定制流程及保证数据安全的手段。以常见的数据安全流程为视角分析了数据安全措施的制定流程。通过对业务需求、监管需求及评估当前风险，制定相应的数据安全标准，并明确实施方案。此外，本章根据业务流程及环境介绍了各种保证数据安全的手段。

数据安全风险一直都会存在，并且会根据项目、时间、环境等因素产生变化。数据泄露会带来严重的经济及信用的损失，因此用户要增强数据安全意识，根据实际情况，利用多种手段及方法降低数据安全风险。

第 2 章

项目管理进阶

本章将更加深入、细致地讲解标注业务场景下项目管理进阶的知识,包括项目规划设计、标注项目需求分析、标注流程设计、标注规范设计、标注系统设计、标注项目培训,从而建立起成体系的项目管理理念。

2.1 项目规划设计

项目规划是一项专业性很强的工作,完美的项目规划能够在解决客户需求的同时,还能为团队赢得口碑和信誉,从而带来更多的业务,为项目的落地扫清干扰因素,使实施过程更加顺畅和专业。因此,不难看出,项目规划的好与坏直接体现了团队和企业在核心业务方面是否专业。

2.1.1 何为项目规划

对于项目规划来说，项目是落脚点，也是基础。关于项目的概念，不同的人会有不同的理解。在美国项目管理协会出版的《项目管理知识体系指南》一书中，对于"项目"一词有这样一条定义，即项目是为创造独特的产品、服务或成果而进行的体系化的工作。在这一定义中，"体系化"一词尤其值得注意。体系就是一个庞大的系统，这个系统中包含了一些小的系统，并各自形成具有某种功能的结构。与人体相似，人体有消化系统、呼吸系统等，而消化系统和呼吸系统又都有各自的身体器官。体系化是项目最突出的特征，在项目体系中会涉及一系列工作，如项目预算、组织人员、调配资源、监督管理等。此外，项目还有一个最基本的特征，即以实现特定目标为目的。因此，也可以说，项目是为了实现特定目标而开展的一系列工作任务。我们可以将游戏公司研发或运营一款游戏看作一个项目，可以将企业策划的一次产品展销活动看作一个项目，还可以将本书中提到的每一次标注服务都看作一个项目。

项目规划可以理解为项目设计，是指从实际情况出发进行思考和谋划，实现项目目标所必需的各种活动和工作成果。完美的项目规划是项目成功落地的前提，它可以从宏观角度对项目所涉及的要素和活动进行部署，为项目开展提供依据，从而有效地减少因情况突变带来的不利影响，并且可以对项目资源进行评估和调配，力求以最低成本实现项目目标。最重要的是，项目规划能够提前确定项目目标，为所有与项目相关的人员指明共同努力的方向，从而保质、保量地完成项目。

2.1.2 项目规划的流程

从专业角度来讲，项目规划从开始到完成需要经历以下 4 个阶段。

1. 规划启动阶段

规划启动阶段相当于项目规划工作启动前的一个启动仪式。在规划启动阶段，通常会通过启动会等形式针对项目规划进行消息同步，对项目规划的目的、

背景、要求等进行充分讨论，并初步确定项目规划的内容及参与人员。

2. 规划准备阶段

规划准备阶段的主要工作为项目背景分析与项目需求分析。从字面意义来理解，项目背景就是项目背后的情况。这些情况可能包括该项目对应用场景的具体情况、解决该项目技术问题的关键、项目当前可用的资源和条件等。通俗来讲，项目背景分析是一个既可知己又可知彼，更能知其所以然的过程。在对项目资源和条件的盘点过程中，规划者能够对自身在项目实施方面的优劣势了如指掌；而在对项目场景及用途进行分析的过程中，规划者同样能够了解项目的具体现状，更能深入理解项目的需求及需求背后的原因。而这些需求更是制定项目目标的基础和根源。只有做到了知己、知彼、知其所以然，才能做出客观准确的项目规划，从而确保项目有价值且有落地的可能。

综上所述，规划准备阶段的主要目的是通过市场调研、资料搜集、数据模拟等方式来为项目规划提供方向和工作条件。

3. 规划编制阶段

规划编制阶段是项目规划的主要环节，项目规划的大部分工作都需要在这一阶段完成。规划编制阶段需要确定的事项大致包括项目目标、资源部署方案、项目成本、评价指标、进程安排等。此外，在规划编制阶段，还需要将已确定的事项和做法形成规划文件，供项目落地使用。

4. 规划收尾阶段

规划收尾阶段主要是指各管理部门或领导对项目规划进行审核，规划编制人员或部门对项目规划进行更新和调整，直至形成最终版项目规划。此时也就意味着项目规划工作已结束，发布具体项目规划后即可进入项目落地实施环节。

2.1.3 项目规划的内容

常言道，"规划如棋"。项目规划本质上也是在下一盘棋。要想下好项目规划这盘棋，需要做到以下几点。

- 盘点，需要知道手中有哪些"棋子"，即项目有哪些可用的资源和条件。
- 学杀法，知道棋子可以怎么走，即了解并设定核心的运行规则。
- 布局，设定每一步棋应该怎么走，即清楚所有的项目资源和条件如何部署与调配。
- 变通，关注棋局走向，及时调整打法并应对不利情况，即思考项目过程中可能出现的风险，做好应急预案。

对于一个项目来说，项目规划包括以下内容。

1. 项目目标

项目目标是指项目要达到怎样的总体目标、预计要支出多少成本完成项目目标、项目目标是否要分阶段实现及每个阶段的目标是什么。项目目标的确定有助于统一项目相关人员方向，也为项目后续的分解和设置提供了依据。

2. 项目范围

项目范围是指项目实施所涉及的范围是怎样的。项目范围包括可参与的人员范围、项目可用的原始材料范围及项目活动范围。项目相关人员通过项目范围的界定能够了解满足什么条件的人可以参与项目，也可以了解哪些原始材料能够加入项目中。

3. 项目规则

项目规则是指项目实施过程中必须遵守的规则。该规则可以是整体的运行规则，也可以是系列活动的内部操作规范。项目规则是对项目需求的最直接体现，也是确保实现项目目标的法宝，更是判断参与者操作是否准确的有效依据。

4. 行动方向

行动方向是指基于对项目目标的理解提出可行的行动建议。这些建议一般是基于既有事实或案例给出的，包括建议的行动起点、建议的落实方式、建议的行动步骤或流程等。行动方向能够帮助项目相关人员及时锁定有效的行动方式，缩短调研、讨论等所消耗的时间，从而快速制定行动方案。

5. 衡量指标

衡量指标是指项目各阶段目标所对应的结果或指标要求，如合格率、准确

率、通过率、购买人数等。项目在每个阶段都应该有明确且可衡量的考核指标，这样不仅有利于项目管理者进行监督、评价和考核，还有利于他们直观地了解项目目标的实现进度，从而为后续项目设置做准备。

6. 时间节点

时间节点是指完成项目各阶段目标的规定时间期限。在项目规划过程中，目标完成的时间节点能够使项目相关人员的内心产生明确的时间概念和紧迫感，这样既有助于项目推进，又能为项目进度的安排提供参考。

事实上，项目规划是一个复杂且逻辑性极强的过程，所谓一招不慎，满盘皆输。这一道理对于本书所提到的标注项目规划同样适用。标注项目会涉及很多方面的工作，而每一项工作对于项目实施的过程和效果都会产生明显影响。因此，在项目规划过程中，要时刻放眼全局，既要做到心中有数，又要敢于突破；既要抓主要矛盾，又要关注异常处理。

2.1.4 标注项目规划

标注项目规划的基本原理与项目规划的基本原理基本相同，只是在项目规划编制阶段，通常需要进行大量的验证修改工作，以确保规划适用可行。严格来说，规划或设计一个标注项目同样需要经历规划启动、规划准备、规划编制、规划收尾 4 个阶段。下面对这 4 个阶段的工作进行介绍。

1. 规划启动阶段

对于标注项目来说，规划启动阶段的主要目的是动员、确定方向与纲领。具体工作如下。

1）动员

向项目规划的相关人员宣告规划工作启动。

2）定位

提出发起标注项目规划的原因，即说明标注项目要解决哪些难题，其应用场景是怎样的。例如，项目目的是提高语音引擎在特定领域的识别准确率，还是破除因表达多样化而导致的模型在语言理解方面的障碍。

3）定调

初步确定项目规划基本原则的动作，包括规模、成本、目标等。例如，质量、价格、数据量等优先级别的确定或团队可承担多大规模的成本等。

4）定纲

根据当前场景及情况进行分析，确定项目规划需要做哪些工作，重点工作有哪些。

5）定责

确定参与项目规划的人员及每个人的职责。例如，小张负责收集资料、小李负责撰写文件、小赵负责需求分析等。

6）定时

根据规划内容商讨项目规划进度，如第一周完成调研、第二周完成目标规划，以此类推。

2. 规划准备阶段

规划准备阶段的主要任务是进行调研、需求分析和数据模拟，具体工作如下。

1）调研

对标注项目所涉及的问题及应用场景、目前的研究情况、技术问题、行业普遍做法等进行资料搜集和整理，从而确定标注项目当前可用的参考资料及资源，为下一步需求分析做准备。

2）需求分析

根据标注项目应用场景、问题及可用资源进行综合分析，得出标注项目具体的需求。例如，对于当前场景需要得到怎样的结果数据、首选什么样的标注类型、具体需要标注哪些内容、哪些标注点是关键、通过哪种途径可以获取原始数据、针对项目如何评价最终效果等。

3）数据模拟

根据初步的需求分析，对标注项目所涉及的关键问题逐一进行确认，常见做法如下。

制定结果数据样例，以确定结果数据是否能够按照预期解决技术问题或使技术问题得到改善，以此确定标注项目类型，这是标注项目规划前需要确认的第一个核心问题。

当标注项目类型确定后，按照倒推的方式对标注内容、关键点、数据获取

途径等问题逐一进行确认，如果符合预期则采纳，如果不符合预期则需要重新进行调研、模拟及改进。

在规划准备阶段结束后，即可进入规划编制阶段。

3. 规划编制阶段

标注项目规划也与其他项目规划一样，工作精力主要投入在规划编制阶段。概括来说，标注项目在规划编制阶段大致分为两个子阶段：初始规划阶段与验证修改阶段。在初始规划阶段，需要规划的内容有很多，总结起来包括以下几点。

1）标注目标规划

标注目标规划是指根据准备阶段的数据模拟情况制定标注项目的具体目标。标注项目目标一般采用两个维度来表达：一是标注数据量，即需要标注多少条数据或要得到多少条标注结果；二是带标数据应用效果，即希望通过数据标注将当前的问题解决到什么程度，如希望将模型训练的准确率提高5个点，或者使模型在特定应用场景下得到实际应用。此外，在标注目标规划过程中，还需要根据项目的可用资源、周期等情况来决定是否要分阶段来实现项目目标，以及各阶段的项目目标是什么。总之，标注目标制定的是否合理，决定着项目落地能否顺利，也关系着标注项目将如何规划，因此标注目标规划对于标注项目规划来说是非常关键的一步。

2）项目范围规划

项目范围是指标注项目各项活动所涉及的范围。在标注项目中，项目范围包括项目人员范围、项目数据范围及项目活动范围。项目人员范围是指参与标注项目的人员范围，即哪些人员可参与项目、是否需要具有专业人员及是否需要委托外部专业人员实施标注；项目数据范围是指标注项目所使用的原始数据的范围，如数据领域、数据获取途径、数据采集的网站来源、数据语言种类等；项目活动范围是指标注活动的主要操作范围，如什么样的数据需要标注、什么样的数据不需要标注、是有重点地标注还是要按照标注规则全面地标注。标注项目无论采用什么样的范围，都是需要依据项目的实际应用场景而定的。如果针对专业领域的标注项目，则建议使用专业人员进行标注，并通常使用专业领域的原始数据；如果标注结果数据是用来提升某方面的性能的，则标注的过程可能需要特别关注影响性能的某些方面。标注项目范围的规划会直接影响标注项目的落地进展。

3）标注体系规划

标注体系简单来说就是标注过程中所采用的知识体系。例如，在实体标注任务中，需要明确标注哪些实体类别、每个类别该如何理解等。标注体系规划实际上是在为标注活动制定规则，为标注工作的开展提供依据。该过程是一个与业务高度相关且极其复杂的过程，通常需要专业人员来进行制定。制定标注体系的人员通常需要具备体系化的专业知识，也需要有对特定应用场景及需求的深刻理解。只有规划好标注体系，标注人员对于标注任务的理解方能到位，标注结果的质量才能更好，标注结果才能在解决问题过程中发挥更大的作用。因此，标注体系规划的好与坏会直接影响标注项目的最终效果。

4）标注方式规划

标注方式是指标注活动的主要实施方式，通常从以下3方面来规划。

（1）人工参与程度。

人工参与程度是指采用人工标注还是采用机器辅助标注。目前，机器辅助标注是业内比较常用的标注方式。因为人工标注通常效率较低且成本较高，会出现因个人疏忽或思维差异导致的标注偏差。但人工标注也有较好的一面，因为在标注时，人可以比较灵活地处理可能遇到的特殊或模糊的情况，而这些情况可能恰好是相关应用研究中的一个关键点。这种灵活的标注处理过程等同于将人的思维活动完整地体现在结果数据中，从而让结果数据在某一关键点上发挥更大的作用。与人工标注相比，机器辅助标注在处理重复劳动及保证结果数据一致性方面具有超强的功能。机器辅助标注恰好整合了人与机器两者的优势，将人的思维与机器的效率结合在一起，从而实现了准确、灵活、高效、一致的标注效果。目前，机器辅助标注的方式有两种：一种是通过数据预处理的方式，即在标注前对原始数据做一些规则性处理，解决一部分规律性的问题；另一种是模型辅助，即将预先训练的模型集成到标注系统或用模型预标注，以智能的方式辅助人工标注。但是，这两种方式都要求实施方有相应的技术条件和积累，因此能否采用机器辅助标注的方式也需要基于实施方自身的资源条件而决定。

（2）任务重复方式。

任务重复方式是指每个任务是否要进行多遍标注。当前，行业内标注任务大多实施一遍，辅以质检环节进行质量保证。但出于不同的目的，也会有少数的标注项目采用多遍标注。常见的多遍标注方式有两种：一种是多个人标注，即同一任务由多个人标注，常见的情况为3个人标注；另一种是多遍标注，不

限制是否为同一个人标注。

多人标注的目的一般有两个：一是保证质量，提高准确率。此时的做法通常为3个人标注，取两者一致的标注结果，如果3个人的标注结果均不一致，则进入质检阶段；也可能为两个人标注，如果两个人的标注结果不一致，则进入质检阶段。二是保证标注结果的全面性，此时通常针对主观性较强的标注任务。

由于不同的人对同一事物会有不同角度的分析和理解，而且这些分析和理解都是有道理的。在这种情况下，通过多人标注可以从客观角度使标注结果更全面。与多人标注相比，多遍标注也有其优势，即能够使结果数据更具有多样性，这种做法通常应用于生成类任务中。此外，这里所列出的任务重复方式也可能并不全面，随着标注行业的快速发展，未来任务的重复方式还会发生变化，但不变的是，任务采用何种重复方式依然要根据标注项目的性质及核心关注点确定。

（3）标注实现手段。

标注实现手段是指标注活动要借助什么样的工具来完成标注任务。例如，是需要通过简单的办公软件来完成标注任务，还是必须通过特定的标注工具来完成标注任务。通常来说，简单的分类打标签等少数任务通过办公软件即可轻松完成标注任务，但多数标注任务对标注工具的依赖性相对较高。究其原因，首先，所需的标注结果中通常会存在很多无法直接提取到的信息。例如，图片的像素点坐标，需要通过大量计算才可得到。其次，很多标注任务在没有工具辅助的情况下，可能无法进行准确标注，甚至无法标注。标注工具的最大作用就是为标注人员提供一个直观的标注界面，简化标注的操作步骤。但是，并不是所有项目组织单位都有适用的标注工具，当没有适用的标注工具时，一般可通过与第三方合作或寻找开源工具的方式解决。此外，如果项目组织单位经常进行此类标注，且成本预算和时间允许，则可以自行开发标注工具。

5）标注流程规划

标注流程是指标注项目从开始到结束的整个组织和实施过程。在标注项目中，重点关注的流程有两个：一是标注项目整体流程，即标注项目从开始到结束需要经历的关键过程；二是从实施方接收原始数据开始到交付结果数据为止的标注实施过程，这个被称为"标注业务实施流程"。事实上，标注业务实施流程属于标注项目整体流程中的一个子流程，将其分离出来是因为它在标注项目整体流程中占据着非常大的比重。此外，标注流程规划是一个极其严谨且前

后关联性极强的过程，整个标注项目前期规划的有利与不足之处都会在这个流程上体现出来。

6）评估手段规划

评估手段是指对标注项目效果进行评估时所采纳的办法。简单来说，该过程就是要解决怎么对标注项目进行验收的问题。针对标注项目进行评估手段规划主要包括两方面工作：一方面是确定评估办法，另一方面是确定衡量指标。评估办法比较容易理解，即通过方式来确定标注项目可以取得较好的效果；衡量指标是指评价标注项目效果所依赖的某一数值。标注项目在验收时通常会考虑标注质量和标注进度。标注进度的评估较为简单，一般按照既定的标注周期来评估即可。与标注进度的评估相比，标注质量的评估要复杂得多。有力的质量评估对标注项目也非常重要。标注质量的评估手段有很多，惯用的是按比例质检，质检比例由验收人决定。也可以采用样本数据比对的方式，即从正式数据中抽出部分数据作为样例数据，待实施完成后，将样例数据与标注结果进行对比。此外，还可以将质量评估环节融合到标注过程中。例如，通过多次埋雷的方式提前预知标注风险点，并检测标注质量的改进情况。衡量标注质量的指标也是多维度的，常见的有准确率、多样性、召回率、数量等。例如，可以要求准确率达到95%以上且召回率达到90%以上。需要注意的是，以上所述并非标注质量的全部评估方法和指标，具体的方法和要求还需要依据项目本身的实际情况进行客观制定。

7）标注周期规划

标注周期是指从标注项目启动到标注项目完成并产生合格标注结果这一过程所经历的时间。因此，标注周期规划主要就是确定标注项目从启动到最终结束所消耗的时间或预先规定的完成时间。事实上，标注周期并非只以结果数据的应用时间为准，而是需要根据项目规模、自身资源情况及应用时间综合规划。在标注周期规划过程中，需要注意的是，要确保预留出一定的时间在应用过程中检验数据有效性，并及时更新需求和完善数据。鉴于此，通常建议的做法是，对标注项目进行分期规划。即在第一阶段较短时间内迅速产出少量结果数据，并将其投入应用，以便在应用中确认结果数据的有效性，及时发现问题并对需求进行完善；随后再进入第二阶段进行稍大规模的标注、验证和完善，直至数据有效性得到保证且需求稳定之后再集中标注剩余数据。分期规划最大的优势是，能够使标注过程和应用过程同步进行，从而使标注结果的有效性及时得到检验，保证最终标注结果对解决应用问题是有效的。在针对标注项目进行分期

规划时，需要明确分期后每一期的时间长短是固定的，这需要根据项目的整个周期来确定，短则几个小时，长则几天甚至几十天。同时，在需求稳定后，当对剩余数据进行标注时，该部分结果同样可以分期提交，以便使结果数据及时得到应用，也能为标注创造更多的时间，更能根据应用效果对标注数量进行及时调整。

在标注项目的规划编制阶段，还有一个子阶段，即验证修改阶段。这个阶段的主要目的是通过模拟实施过程对初始规划阶段完成的各项规划内容逐一进行验证，并查漏补缺。涉及的验证要点包括但不限于以下内容。

- 标注目标规划是否合理？实际情况能否达到？
- 标注范围设置是否过宽或过窄？特别是在标注人员组织、原始数据获取、活动范围方面是否有难度？
- 标注体系设计是否足够全面？能否支撑标注过程？标注体系设计是否符合实际应用规律？
- 当前规划的标注方式是否适用于本项目？在实施过程中是否存在因资源限制而无法克服的问题或极其不利于实施的方面？
- 标注流程设计是否合理？考虑是否全面？
- 标注的评估方法和衡量指标是否能保证结果数据的有效性？是否存在漏洞？是否会严重阻碍标注工作的开展？
- 标注周期规划是否合理？节奏是否过于紧凑或疏松？

验证修改过程虽看似烦琐，却是标注项目规划的必经阶段，因为只有初步验证通过，标注项目才有落地实施的可能。此外，这个过程相对灵活，具体需要对哪些方面进行验证，还需要根据项目规划的实际情况及项目目标等情况来确定。

4. 规划收尾阶段

通过对初始规划内容的校验和修改，项目的整体规划已相对完整，与规划相关的各项文件也已经基本完成，此时可以说项目的规划编制阶段已经结束。在规划编制阶段完成后，已形成的规划成果还需要经过相关负责人审批，以证明项目规划已经完备，项目也具备了落地的基本条件，从而为后续的项目动员和实施提供指南。

以上是关于标注项目规划工作的介绍。根据前文所述，我们可以总结为：

项目规划是一个需要规划者极度灵活的过程，并且各项规划工作并没有绝对的标准，唯一可以遵循的原则就是着眼于自身资源、项目目标等情况灵活设计。因此，在对标注项目进行规划时，我们要做到充分了解自己并发挥自身优势，时刻关注项目实施过程，以项目目标为导向，尽量规避风险，从而使标注项目过程更加顺畅。

2.2 标注项目需求分析

在进行标注项目的过程中，我们经常会遇到一些令人困扰的情况。例如，项目进度越快，需求变化的频次就越高。按照原始需求呈现出的项目成果并不是客户想要的或与客户的心理预期相比有很大差距。随着需求的不断变化，等到项目完成时，已经完全脱离了原来的样子。其实，这些都是项目规划前需求分析做得不够充分的体现。可能会有人认为，在标注项目过程中需求变更在所难免。虽然这句话有一定的道理，但是不能成为我们不去思考需求变更原因的理由。关于需求变更，我们需要先弄清一个问题，即项目中为何会发生需求变更？每当涉及这个问题时，往往免不了甲乙双方都大吐苦水，于是经常会出现以下类似的对话情景。

甲方：贵方作为服务方，承诺能满足我方当时提出的所有需求，最终呈现出的结果却与需求不同，专业性值得怀疑。

乙方：贵方作为甲方，并没有清楚地表达自己的需求，导致需求理解偏差，我方在项目实施过程中还额外花心思做了较多细化的工作，如今得到此评价实属冤枉。

从上述对话中可以总结出，需求变更的主要原因是甲乙双方没有及时做好需求沟通导致理解出现偏差。概括来说，是需求分析工作稍有欠缺。需求分析是项目规划的第一步，也是项目顺利交付的重要基础。充分、科学的需求分析会给项目带来意想不到的收获；反之则会给项目带来极大的风险，甚至是不可估量的损失。

2.2.1 需求

众所周知，需求分析是为了分析并得出需求。需求是一个常被挂在嘴边的词，这个词在不同的语境下也会有不同的含义。在经济学领域中，需求是指在一定的时期，在每个价格水平下，消费者愿意并且能够购买的商品数量；在软件开发领域中，需求是指系统初始并不具备客户需要的内容。IEEE 软件工程标准从软件工程的角度给出了需求的 3 方面定义。

- 客户解决问题或达到目标所需的条件或权能。
- 系统或系统部件要满足合同、标准、规范或其他正式规定文档所需的条件或权能。
- 一种反映上述条件或权能的文档说明。

这些理解都从不同角度体现了需求的本质。

首先，需求源于需要，此为动机。

其次，需求着眼于客户，即以客户为中心。

再次，需求的核心是提出要求，即客户提出希望可以达到的标准。

最后，需求会以不同的形式来呈现。例如，在炎热的夏天，需求可能是一瓶冰水；在喧闹的都市生活中，需求可能是少有的宁静片刻；而在本书中，需求则是一次完美的标注服务。

正因为每个领域对于需求的理解各不相同，所以生硬地套用任何一个领域中的需求定义都是没有意义的。如果非要给出一个普适的概念，则大致可以基于以上分析给出这样一个定义，即需求是因客户需要而产生的各种要求和标准。本书中的标注需求与这一概念相似，是指为了解决客户的某些应用问题而产生的数据标注要求和标准。

由于所处领域不同，人们对于需求的分类方式也不同，各领域也有自己的需求分类方式。例如，在软件开发领域中，需求可以分为功能性需求和非功能性需求；按照需求层次分类，需求还包括业务需求、客户需求和系统需求。在经济学领域中，需求可以按照显露程度分为显性需求和隐性需求。

需求的分类依据还有很多，对于标注服务来说，需求可以按照规模大小分为大型需求和小型需求；按照紧急程度可以分为紧急需求和非紧急需求；按照重要性可以分为重要需求和非重要需求；按照需求来源可以分为内部需求和外部需求等。

2.2.2 需求分析

需求分析这个词是每个行业都会经常出现的词。需求分析主要是指理解客户需求，实施的工作和标准与客户达成一致，并形成规则说明或需求文档的过程。它是项目实施过程中非常重要的一项工作，因为需求分析是整个项目的指南针，关于项目实施过程中的所有决策都是基于需求分析进行的。有利的需求分析不仅能够有效地避免项目修改和返工，还能够体现团队的专业性和价值，从而促进项目合作。

对于需求分析，曾有文章这样描述：项目需求就像神秘人一样，不知道是什么、不知道从哪儿来、不知道想干啥，弄清项目需求简直像一场读心术。这句话虽然很幽默，却将需求分析所涉及的几个关键问题展现得淋漓尽致。从描述中，我们可以总结出几个关于需求分析的关键要点。

- 项目需求很神秘，需要分析者深入挖掘并使其可见，保证需求完整准确是需求分析的根本价值所在。
- 需求分析要知道需求是什么，需要分析者具备专业知识，能够充分理解业务背景及逻辑是做好需求分析的基础。
- 需求分析要了解需求从哪里来，需要了解需求提出背后的原因，以客户为中心并关注需求背后是需求分析的基本原则和前提，也是需求分析的出发点。
- 需求分析要弄清楚需要做什么，需要明确满足需求的具体任务和做法，这是需求分析的基本标准和最终目的。

对于需求分析，值得强调的是，了解需求来源极其重要。一般来说，需求来源可以指需求的表面来源，即需求由谁提出或通过何种途径获取。通常，需求的表面来源大概有以下4种。

- 客户，即项目的服务对象。对于大部分项目来说，客户是需求的主要来源，所以与客户沟通是确定需求的最有效方式。
- 市场，即市场调研。市场调研有多种方式，可以是基本的信息检索，也可以是试用或问卷调查等。市场调研往往是需求分析的必要步骤，能够为需求分析提供参考依据和方向。
- 竞品，即竞品分析，是指对同类项目或案例进行研究，从中找出契合之处，从而发现项目的突破口与待改进之处。

- 内部，即团队内部。团队内部提出的需求主要是基于已有经验所做的补充或基于专业背景知识提出的一些参考建议，是为了更全面地考虑项目需求及具体情况，为客户最终确定需求提供参考。

在需求分析中，了解需求的表面来源主要是为深挖项目需求提供基础的。事实上，需求来源还有更深层的含义，即需求是怎么来的，也就是为什么要提出这样的需求，我们可以称为"深层来源"。要知道，任何需求的提出都有其背后的道理，要么是为了摆脱某些因素造成的影响或约束，要么是为了解决某一个问题。前者的影响因素通常包括项目预算、人员等客观条件限制，后者的问题主要来源于特定的应用场景。在需求分析的过程中，只有了解了这些，才能真正做到以客户为中心，从而捕捉到准确的客户需求。

需求分析是一个比较复杂的过程，不同领域对流程的界定也不尽相同，大致可以分为以下 4 个阶段。

1. 问题识别阶段

问题识别阶段的工作主要有两方面：一方面是与需求方进行对接，弄清楚客户对需求的初步想法和定义。特别是对于客户无法明确给出的需求，要深入了解应用场景，明确该需求提出的背景和目的。另一方面，问题识别阶段还需要针对初步需求进行必要的市场调研，具体包括但不限于行业信息检索、案例分析、竞品分析等，以便为专业人员进行需求分析提供充足的参考信息。

2. 分析与综合阶段

分析与综合阶段包括两部分，一部分是需求拆解和分析，即结合行业经验和应用场景等既有信息，通过反推等方式对需求进行剖析，并对现有经验和可用信息进行分析，从而得出项目的细化需求点。另一部分是需求综合，即对所得出的细化需求点进行综合，去除不合适的需求，并排除冲突等情况。

3. 需求梳理阶段

需求梳理阶段也被称为"规格说明书制定阶段"，主要工作是对需求进行整理和记录，从而形成项目需求文档或说明书。受项目规模等因素影响，有些项目可能会有多个需求文档。例如，需求定义文档、需求规则说明文档等。不同的需求文档面向的对象都会有所不同，相应的用途和侧重点也会有区别。因

此，在制定需求文档时，需要根据不同的用途灵活设计文档样式和内容，确保文档能够切实起到指导作用。

4. 需求验证阶段

需求验证阶段主要的工作是验证，即根据整理出来的需求文档对需求进行评估和验证，从而确定需求的适用性和有效性，为后续项目实施做准备。在需求验证时，可以对需求进行多方验证，如需求一致性验证、需求完整性验证、需求准确性验证及需求有效性验证等。此外，在需求验证阶段，如果发现需求存在漏洞或不适用之处，则要对需求进行补充和更改，以便使需求更加准确、有效。需要注意的是，在需求分析阶段做需求验证是十分必要的，因为需求是否合理、有效直接关系着项目实施能否顺利完成。此外，需求验证也并不一定是一次就能完成的，它也是一个循环往复的过程，也需要经过不断地验证和修改完善，直至被确认能准确、有效地解决问题为止。

2.2.3 标注项目需求分析详解

对于标注项目来说，需求分析是一项重要的工作，也是一项难度很大的工作。因为要想做好标注项目的需求分析，需要同时具备以下 3 方面条件。

首先，标注项目需求分析要建立在对结果数据的应用场景有深刻了解的基础上。这里的结果数据是指标注结果。结果数据的应用场景是指最终的标注结果应用在什么领域，用来解决什么样的实际问题。因为需求方对于需求的表述难免出现偏差或遗漏，特别是在需求模糊时，需求分析要做"剥洋葱"，要根据实际问题将需求层层剥离出来。因此，了解应用场景是深刻理解标注项目需求的前提，也是与需求方达成共识的关键一步。

然后，标注项目需求分析需要特定领域专家的加持。领域专家是指对某一领域或行业理解非常深刻且具备相关专业知识能力的人。任何需求分析者都无法做到精通所有行业，因此在涉及特定行业的标注项目需求分析时，往往会存在一些困难，此时就需要充分发挥领域专家的优势。在标注项目需求分析中，领域专家的力量主要体现在标注体系的制定环节，其主要作用是从行业应用的角度，针对标注体系的制定提出建议，从而保证最终体系的专业性和实用性。

可以说，专家的加持弥补了标注项目中因行业知识匮乏导致的需求理解障碍。

最后，标注项目需求分析要以熟悉特定标注业务场景为前提。而熟悉特定标注业务场景的人通常是指具有该类型标注项目经验的实施方。在对标注项目做需求分析时，需要根据标注项目经验来对具体标注需求进行定义，而此时，标注项目实施方就是最熟悉标注业务场景的人，他能够根据已有项目经验和对领域场景的理解为需求分析提供宝贵建议，并对需求的可行性做出客观评估，从而确保需求的可实现性。

总体来说，标注项目的需求分析需要通过需求方、实施方和领域专家 3 方面来保障。其中，需求方为需求的决策者，起主导作用；实施方为需求的实现者，起建议和引导作用；而领域专家为需求的建议方，起专业性控制作用。在需求方、实施方和领域专家 3 方面的保障下做出的需求分析才会更加全面、准确且具有实用性。

对于标注项目来说，做好需求分析并非易事，因为这个过程会涉及诸多分析。从实现的目的来说，做好一个标注项目的需求分析至少要弄清以下问题。

- 标注任务类型。

标注任务类型是指标注项目所涉及的标注类型，如图片拉框标注、语音切割转写标注或文本对话生成标注等。标注任务类型通常是根据应用场景来确定的。例如，如果要应用于智能客服系统，则可能需要问答标注、意图标注等；如果要应用于设备故障诊断，则可能需要音频文本关系标注、语音分类标注、音频描述标注等。

- 标注规则体系。

标注规则体系是指标注任务所采用的知识体系及对各个知识点的定义。例如，对于图片拉框标注，标注规则体系中需要说明哪些物体在被标注范围内，每类框的标注标准是怎样的；对于语音切割转写标注，需要说明音频如何切割，哪些音频片段需要转写等。标注规则体系的制定需要建立在标注任务类型已经确定的基础上。

- 标注需求量。

标注需求量是指标注项目要完成的标注数据量。标注需求量一般是由需求方确定的。在实际标注项目中，标注需求量往往会分批确定，也易于发生变化。因为标注任务的最终目的是要解决模型在某些方面的应用问题，随着模型训练的进行，问题的解决效果也在发生变化，所以标注需求量也会随效果变化而进行动态调整。

- 标注节奏。

标注节奏是指标注项目以怎样的节奏实施，是分阶段实施还是一次性实施。一般来说，对于大规模标注项目，通常会分阶段实施，这样便于根据应用效果灵活调整标注需求量及标注的侧重点，也便于在标注规则体系存在漏洞的情况下及时完善和更新结果。

- 结果数据形式。

结果数据形式是指最终结果数据提交的形式和格式。例如，以结果文件的形式提供或以光盘的形式提供。需要注意的是，结果数据提交的形式和格式需要参照实际应用环节的关联因素来确定。例如，模型输入格式、数据的其他应用格式等。

事实上，在标注项目需求分析中，需要明确的事情还有很多。例如，建议的标注实施方式、标注项目最终需要提交的成果、标注项目对标注人员提出的要求等，这些问题都需要在需求分析和对接过程中根据情况详细确认。

关于标注项目需求分析流程大致可以遵循上述流程理论。但为了能更细致地展现该流程，本书从实际业务角度出发，对标注项目需求分析流程进行了细致优化。优化后的标注项目需求分析流程如下。

1. 初步需求对接

初步需求对接是指与需求方进行的首次需求对接。初步需求对接的目的是确定标注项目的基本情况，识别标注项目要解决的核心应用问题，从而为项目评估及后续工作的开展做准备。在初步需求对接时，一般重点关注以下几个问题。

（1）标注项目的基本情况如何？例如，预期标注需求量、项目预算、预计周期、人员要求等。

（2）标注项目的应用场景是怎样的？

（3）标注项目已有的基础和背景如何？即任务类型是否已确定，是否已有待验证的标注规则体系，该标注项目之前做过哪些尝试，实施情况如何等。

（4）目前，标注项目重点关注的问题是什么？需要如何配合？

（5）对于标注项目实施经验来说，标注项目设置可能会存在某些问题，对于这些问题是否已有考虑？

以上列出的问题是在做具体需求分析之前必须明确的问题，这几个问题直接决定了后续需求分析的工作量、工作方式和流程。

2. 调研分析

调研分析是指根据获取的信息，以核心场景问题为焦点，通过各种方式获取同类场景或项目已有做法的信息，并对其进行分析总结，从而为整理并确定项目需求提供依据。在调研分析阶段，获取信息的途径有很多，比较容易实现的途径有以下两种。

（1）网络检索。

网络检索是调研分析常用的方式，在很多情况下，网络中的权威文献等能为调研者提供很多有价值的信息。

（2）专家咨询。

专家咨询是指针对领域难点征求专家意见。它是针对领域问题寻找解决方案和建议的最佳方式。

除了通过上述途径，我们还可以通过调查问卷、实地考察等方式获取大量的有效信息，在需求分析过程中，可视具体情况使用。

3. 需求拆解分析

标注项目的需求分析过程也是对根本问题进行逐步反推和拆解分析的过程。对于标注项目来说，其反推和拆解的顺序大致为应用领域→应用场景→需要解决的问题→标注任务类型→标注规则体系。在对需求进行拆解后，还需要根据已有信息进行综合分析。在分析过程中，可能包括以下参考信息。

（1）已有项目案例。

已有项目案例一般能为标注项目需求分析提供意想不到的灵感。

（2）专家意见和行业标准。

制定标注规则体系要以适用行业标准为前提，因此要高度重视专家意见和行业标准。

（3）标注经验。

标注规则体系的制定，特别是各个知识点及知识体系规模的定义，除了要参考行业标准，还要考虑标注项目实施的可行性。

（4）需求方的想法。

标注项目需求分析最终要满足需求方的要求，因此应该将需求方的想法放在首位。在进行需求分析时，应该充分考虑需求方的现实问题，并深入体会真实需求，从而确保需求分析的准确性和实用性。

4. 需求文档整理

需求文档整理主要是指对需求分析过程中形成的结论和结果进行归纳整理，从而将标注项目需求完整准确地落到纸面上。对于标注项目来说，需要整理的需求文档主要有以下3个。

（1）基本需求文档。

基本需求文档主要记录标注项目的基本事实要求，内容包括但不限于标注项目背景、标注任务类型、标注人员要求、预定标注工期、标注项目实施的基本节奏、标注量、标注实施方式、标注系统需求等。

（2）标注规则体系文档。

标注规则体系文档是需求文档的核心部分，主要记录了标注项目所依据的知识体系及对体系中具体事项的说明，在标注项目中通常被称为"标注规范"。其中，要明确的事项包括标注任务目标、标注范围、标注原则、标注体系、注意事项等。

（3）结果格式文档。

结果格式文档主要记录最终提交结果数据的格式，相当于给出了最终结果数据的格式模板。

由于不同的标注项目之间会有差别，需求文档也会随之发生变化，因此需求文档的数量也是可以灵活掌握的。例如，对于小型项目来说，需求文档可能只有一个，而对于大型复杂项目来说，需求文档的数量也可能会有所增加。具体选用多少个需求文档，以能够准确表达项目需求为准。

5. 需求验证

标注项目同时涉及需求方的需求、专业知识和标注经验3方面的融合，因此，进行需求验证和完善是绕不开的一环。对于标注项目来说，需求验证主要是通过项目模拟的方式进行的，以便在实施过程中及时发现需求分析中存在的漏洞和问题。在需求验证过程中，需要验证以下内容。

（1）标注规则体系。

对于标注规则体系来说，主要验证的内容如下。

- 一致性：即标注规则体系的前后处理原则要统一，不可以出现前后矛盾的现象。
- 准确性：即标注规则体系中对于知识点的定义要准确无误，符合需求方的需求。

- 适用性：即标注规则体系要符合常识和自然科学规律，能够让标注人员的理解达成一致。
- 完整性：即标注规则体系的内容覆盖要全面，针对特殊情况要有明确完善的处理原则。
- 专业性：即标注规则体系的内容要符合行业标准和专家意见，从专业角度来看具有实用性。

（2）标注工期。

在需求验证阶段，除了需要对标注规则体系进行验证，还需要对标注速度和难度进行初步验证，以确定是否能够在需求方要求的时间内完成标注工作，或者在需求方无工期要求时，初步评估标注项目所需的工期。

（3）标注效果。

标注效果的验证主要是将模拟项目过程所得出的标注结果返给需求方，从而在实际应用中确认标注结果的有效性。标注结果的有效性是标注项目的终极目标，因此，从需求方的角度考虑，标注效果验证是非常必要的。

需要注意的是，需求确定的过程不是一蹴而就的，一般都需要经过验证→完善→再验证→再完善的反复过程，标注项目更是如此。如果需求验证不到位，则很可能在实际标注过程中出现反复修改和返工的情况，因此需求验证一定要将工作做到实处。

6. 需求最终确认

需求最终确认是指标注项目相关各方对终版需求进行确认并备案的过程。这个过程完成即可表示标注项目需求已符合需求方要求，不会再出现大幅度的修改，随后可以开始标注项目的实施。需求最终确认是标注项目各方最终统一思想的过程，也是对标注项目各方高度负责的做法。因为一旦涉及需求变更，就表示标注项目各方都需要有额外的投入。当然，从以客户为中心的角度来说，需求最终确认已结束并不能代表标注项目需求不能进行修改，当涉及需求修改时，标注项目各方应该友好协商，共同确定各方可接受的修改方案。

1）标注项目需求分析的痛点

与其他工作一样，标注项目需求分析过程也存在很多痛点，也正是因为这些痛点影响了标注项目需求分析的顺利进行。总结起来，标注项目需求分析的痛点如下。

第一，供需交流障碍。供需交流障碍是指实施方和需求方之间无法实现有效沟通。一般来说，导致双方交流障碍的主要原因有两种：一种是双方信息不对称，即双方所获得的关于标注项目的信息量有差异；另一种是双方思维方式和专业背景存在差异，使得双方对于同一概念或问题的理解无法达成一致。供需双方交流顺畅是确保标注项目需求分析准确的基本条件，因此在需求沟通出现障碍时，一定要及时找到原因并对齐概念，确保沟通顺畅。

第二，需求表述模糊。需求表述模糊主要是指需求方无法准确清晰地表述需求，给实施方对需求的理解带来困难。需求表述模糊归根结底在于两方面：一方面是需求方本身对于需求不明确，导致无法清晰地表达需求；另一方面是需求方自身表达不够清晰，导致需求信息传达效果不佳。在这种情况下，实施方的作用便尤为明显，不仅要尽量理解需求方的意图，还要通过提问等方式尽量还原应用场景，并对需求进行深层挖掘。

第三，需求反复变化。需求反复变化对于数据标注项目的影响是非常大的，因为每次需求变更都需要对已完成的标注数据进行更新。需求反复变化的根本原因一方面在于需求方对需求不明确，另一方面也在于需求验证不足。在需求反复变更时，需求分析及验证的作用便显得尤为突出。

基于对以上标注项目需求分析痛点的分析，本书针对标注项目需求分析提出了一些注意事项。这些注意事项不仅是对实施方的提示，也能在一定程度上解决上述的痛点问题。针对这些注意事项，下面将从两个角度进行阐述。

2）标注项目需求分析的注意事项

第一，从商务角度，标注项目需求分析应该注意以下内容。

- 需求确认要直面最清楚需求的人。

在需求分析中，需求方对于需求的清晰程度直接决定了实施方能否抓住需求要点，更决定了需求分析的工作量。与清楚需求的人确认需求，能显著推动标注项目的进程，反之标注项目就很可能处在需求分析阶段停滞不前。

- 需求沟通要注意沟通方式。

恰当的沟通方式能让需求沟通事半功倍。恰当的沟通方式不仅体现在说话语气、表达方式上，也体现在双方对于沟通的主动性和重视程度上。当一方沟通方式不当时，另一方能够主动提问和引导，这样会在一定程度上加快需求分析的进度。

- 需求分析态度要真诚。

态度真诚是指需求分析要谨慎，对需求方负责。在需求分析过程中，要实

事求是，能满足的需求尽量满足，无法满足的需求一定要明确告知，并说明无法实现的原因。如果有可能，则可以针对该需求的实现给出其他可行性建议。在标注项目合作中，只有态度真诚才能在彼此心中建立信任，从而确保标注项目顺利完成。

- 最终需求要经过确认。

在需求验证并修改完成后，要与需求方确认并走确认流程。该过程的目的是确定标注项目各方对需求的理解一致，也为标注项目实施确定最终标准，为结果验收提供依据，更为需求变更提供参照。如果需求中途发生变更，则双方应该共同商定合理的解决方案，并做好相应记录。

第二，从技术角度，标注项目需求分析应该注意以下内容。

- 需求对接要直击要点。

每个需求的提出都是为了解决某一方面的问题，这个问题就是理解需求的要点，标注项目也不例外。对于标注项目来说，在分析标注需求时，应该首先了解标注项目的应用场景，然后紧密围绕应用场景进行提问、思考和分析，以免出现需求理解障碍。

- 市场调研要详尽充分。

市场调研是需求分析的起点，也是厘清标注项目具体需求的最佳途径。在需求分析中，进行市场调研的原因有两方面：一方面是为需求理解提供有力的参考，另一方面是从市场角度保证需求分析方向的正确性及需求的实用性。市场调研做得越详尽、充实，需求分析和规划就越有理、有据、有力。

- 需求文档描述要准确直白。

需求文档的整理过程是对分析得出的需求进行梳理的过程，也是需求输出的过程。整理需求文档的最终目的是上传下达，即与需求方明确要求，让实施方理解任务，因此需求文档的书写要结构清晰、语言通俗易懂。

- 需求验证要有理、有法、有规划。

需求验证既是对需求分析的检验，又是对需求的负责。需求验证最重要的就是剔除不恰当的需求，加入实用需求。因此，这一过程就会涉及某些需求的增、删、改，此时所做的每一步工作都要谨慎小心。只有需求验证方法得当，数据有效性才会翻倍提升，反之不仅会影响数据有效性，而且会损失信任。对于标注项目来说，需求验证有理、有法、有规划主要体现在以下3方面。

- 需求的增、删、改要有据可查，对于修改前后的情况要有记录。
- 需求的验证方法要得当，要根据标注项目的特点使用恰当的验证方法。

- 需求验证并不是随意进行的，而是要有明确的规划，即对于验证点、验证人、验证侧重点等都要提前做好规划。

综上所述，标注项目需求分析并不是简单的过程。专业的需求分析者应该本着高度的专业性、耐心和责任感来深挖需求背后的意义，融合领域知识与标注技能，广泛听取意见，将需求与实际应用相结合，从而确保需求的实用价值，这也是标准项目需求分析工作的根本意义。

2.3 标注流程设计

"流程"这个词在人们的眼里并不陌生，因为这个词自出现起，好像从未离开过人们的视线。人资有人资流程，业务有业务流程，生产有生产流程，甚至下班乘坐地铁也有安检等各种流程。那么，到底什么是流程呢？对于流程的定义，在《牛津词典》里有这样一段描述，流程是指一个或一系列连续有规律的行动，这些行动以确定的方式发生或执行，促使特定结果的实现。此外，国际标准化组织 ISO9001：2000 质量管理体系标准中也给出了流程的定义，流程是一组将输入转化为输出的相互关联或相互作用的活动。

流程可以说是一切行动的纲领，对行动起着不可忽视的指引作用。特别是对于标注项目，完美的流程能够起到以下作用。

- 规范标注项目工作程序,让不同的人在同样的岗位上取得统一标准的结果，从而保证标注项目顺利落地。
- 帮助厘清标注项目的最佳行动方针，做好资源排布，从而提高标注项目实施效率并避免资源浪费。
- 帮助发现标注项目过程中的薄弱和缺失环节，从而有针对性地予以加强和改善。
- 使标注项目监控做到实处，确保考核评价公平、公正。
- 让不同环节的标注项目参与者统一行动方向，实现默契配合。
- 对标注项目实施环节进行全面规划，有效规避和对抗标注项目风险。

实际来说，流程对标注项目所能起到的作用远不止于此，关键在于我们对

标注项目流程如何设计。优秀的流程设计不仅能帮助团队更好地完成标注项目，还能帮助管理者及时思考错误。本节将从标注项目出发，重点探讨标注流程的设计。

2.3.1 标注流程

标注流程是标注项目实施道路上的保障，对于标注项目的过程管理、质量控制等都具有十分重要的意义。这里所说的标注流程是指从标注项目开始到结束这一过程中的一系列活动。在这个过程中，每一项关键活动都可以被视为一个环节。每个环节的做法不同，所发挥的作用也不同，但是这些环节之间相互配合形成的合力却能够保证标注项目实施达到预期效果。

根据实际业务的关注点不同，我们可以从两个维度来理解标注流程：一是从整个标注项目基本任务模块角度（也被称为"基本项目流程"）；二是从标注项目实施的角度（也被称为"标注实施流程"），具体介绍如下。

1. 基本项目流程

基本项目流程是指标注项目从获取原始数据开始到标注结束所经历的关键环节。行业内普遍认为，数据标注有以下4个基本流程。

（1）数据采集。

对于数据标注来说，用于标注的数据通常被称为"原始数据"，这些原始数据相当于标注的原材料，而数据采集就是为数据标注提供原材料的过程。数据采集环节要在数据标注之前完成，通过多样化的方式和手段采集足够多的原始数据。在数据采集过程中，获取原始数据的途径可以有多种，常见的有网络爬取、人工生成及通过特定途径购买。获取的原始数据形式也是多种多样的，如图片、视频、语音、文本等。

（2）数据清洗。

数据清洗是指对采集后的原始数据进行校验和筛选，以便将"脏数据"去除清洗，让数据变得整洁可用，从而从源头上确保数据标注过程顺利有效。一般来说，在对标注数据进行数据清洗时，需要关注以下"脏数据"。

- 不完整数据，如有些值丢失或有遗漏。
- 错误数据，如错别字、知识性错误、多余字符等。

- 重复或多余的数据，避免反复标注，做无用功。
- 噪声数据，不适合标注或标注后无意义的数据。
- 矛盾数据，描述同一问题的多条数据之间彼此矛盾，需要验证后保留正确数据或全部去除。
- 格式不合规的数据，当数据格式与要求格式偏差较大时将无法修正，需要清洗。

数据清洗不仅能让标注项目进行得更加顺利，也能直接影响标注结果的最终效果。没有前期的数据清洗，后续的标注、训练等工作都将无从下手，即使强行进行，也得不到准确的标注结果。

（3）数据标注。

对于标注项目来说，数据标注是核心环节。针对原始数据进行的所有加工和标注工作都将在此阶段进行。数据标注环节并非想象那样只有数据标注这一项工作要做，也会涉及标注项目实施前后的诸多环节，如需求理解、培训、标注等，这里不再详述。

（4）数据质检。

数据质检是保证标注准确率的重要环节，因为人工标注无法保证完全准确，只有最终通过质检环节的数据才能在一定意义上被称为"可靠数据"。在实际标注项目中，数据质检的工作性质可以依据标注实施过程及主体的变化而发生变化。具体来说，当需求方与实施方为同一主体时，数据质检的工作性质更倾向于标注质量的保证，但当需求方与实施方为不同的主体时，数据质检的工作性质更倾向于标注结果数据的审核或验收。因此，数据质检环节具体如何实施，还需要结合现实情况来定。

2. 标注实施流程

标注实施流程是指从实施方接收到标注项目需求开始到标注项目结束为止，这段时期内的一系列活动。严格来说，该流程是对基本项目流程中数据标注环节的细化，是标注项目中最核心的流程，对保证标注项目的效果起着决定性作用。具体来说，标注实施流程中可能会涉及以下环节。

（1）需求对接。

需求对接是指在需求方将需求给到实施方之后，实施方与需求方之间针对需求进行沟通确认的过程。在此过程中，实施方需要做两件事情。

- 研究并理解需求，对不清晰之处进行确认，从而对齐标注的原则和标准。

- 在理解需求的过程中对需求进行验证，及时发现需求中的矛盾点、不足等，确保需求可支撑标注过程。

（2）标准样例制作。

在需求确认完成后，需要针对标注活动制定标准样例。制作标准样例的目的有两点：一是为标注提供可视化的参考标准，使标注人员更好地理解需求和任务目标；二是通过实际样例来确定实施方与需求方是否对需求理解一致，且标注结果满足需求方的要求。标准样例的格式并无限制，一般以需求方的要求为准。

（3）标注实施准备。

当需求确定及样例制作完成后就可以进一步开展标注活动。在标注环节开始之前，需要针对标注实施做一些准备活动，包括但不限于原始数据分析、数据处理、系统准备、项目工具及人员配置、培训测试文件及视频准备、标注行动方案制定等。

（4）标注实施。

标注实施的起点是准备工作结束，终点是所有数据标注完成。所有的标注结果产出都集中在这一环节，但该环节并非只有标注这项工作要做，还涉及很多其他工作。例如，标注人员培训、规范确认及更新、标注人员管理、结果反馈、流程完善等。这些工作都是标注实施过程中必须做的工作，也是标注流程设计中必须予以考虑的因素。

（5）质检实施。

质检实施是指在数据标注完成后，由质检人员对初始标注结果进行检查、反馈、修改的过程。与标注实施环节一样，质检实施环节除了需要完成质检，也有一系列工作需要完成。例如，质检人员培训、规范更新后的培训、质检人员管理、质检意见反馈等。在进行标注流程设计时，只有充分考虑这些活动才能保证标注实施顺畅。

（6）结果反馈。

结果反馈是标注实施和质检实施过程中的一个伴随过程，是指在标注并质检完成一部分任务后，先将部分结果交给需求方进行确认，以确保标注结果满足要求，并及时发现标注结果中的不足予以改进。结果反馈环节在整个标注过程中非常重要也非常有价值，其不仅是双方确认结果质量的过程，更是双方针对标注任务理解进行沟通的过程。在这一过程中，需求方可以清晰地了解当前标注进度等情况，做到心中有数；实施方也能对任务有更深的理解，做到精益求精。因此，结果反馈也在一定意义上构成了需求方与实施方顺利合作的基础。

（7）结果交付。

结果交付是指将标注结果提交给需求方进行检查、验收的过程。一般在结果交付时可能会涉及两件事：一是结果格式处理，二是结果提交。结果格式处理是指在将标注完成的结果提交给需求方之前，按要求将结果文件处理成需求方所需要的格式。这一环节的主要实施者是数据处理人员。需要注意的是，当需求方与实施方主体不同时，结果格式处理并不是实施方必须完成的工作，具体事宜还需要由双方共同商定。当需要进行结果格式处理时，数据处理人员与标注管理者要相互协调，共同保证结果格式的正确性。结果提交是指由专门人员将标注结果提交给需求方的过程。

结果交付一般涉及交付出口和交付形式两个问题。交付出口是指结果的交付人，一般建议结果交付由需求方来进行，以确保入口和出口统一，从而便于数据安全管理。交付形式主要按照需求方要求即可，该过程较为简单，这里不再详述。

（8）收尾环节。

收尾环节是指在标注结果交付完成后，对标注过程中的未尽事宜进行处理的过程。一般收尾环节的工作涉及结果验收配合、数据结果完善、过程数据整理等。

根据以上对标注流程的讲解可以看出，标注流程并不是一个简单的过程，而是一个环环相扣的联动和配合的过程，这一点也对标注流程的设计提出了更高的要求。可以说，标注流程设计是一门学问，它需要设计者有较深的行业功底与周密的逻辑思维，更要深刻理解标注流程的设计原则。

2.3.2 标注流程设计原则

设计原则是指设计过程应该遵循的原则。对于标注流程来说，需要遵循以下设计原则。

1. 标注流程设计要将项目特点作为第一考虑因素

项目特点是指项目所涉及的要素呈现出来的规律或特性。对于标注项目来

说，影响其流程设计的元素有很多，如标注需求、原始数据、项目目标等。以标注需求为例，标注项目的标注需求可能包括标注量、工期、准确率、多样性要求等。其中，标注量及工期共同决定了标注项目的人员选拔、培训人员管理环节的设置，而准确率和多样性要求更多的是影响质量保证环节的设置。所以，当项目呈现出不同的特点时，需要根据实际情况对流程中的各个环节进行调整。

2. 标注流程设计要充分结合标注工具现状

随着行业发展，标注工具已经成为标注项目实施过程中必备的元素。将工具的作用发挥到极致是标注流程设计的基本要求。标注工具除了给标注提供媒介，其内部的功能设置也对标注过程的实施产生了很大的影响。一般来说，功能越强大，标注流程的设计就越简单；功能越单一，需要人工参与的地方就越多，相应流程设计也会受限。例如，具有项目管理功能的标注平台就能有效地避免人工分配任务，而平台中的模型功能也能省去数据预处理的麻烦。相反，对于工具中不具备的条件，设置更多的标注流程也只能徒增人工的工作量。

3. 标注流程设计要与实施组织条件相匹配

实施组织条件是指实施方所具备的资源条件，如人员条件、系统条件、技术条件等。标注流程设计与实施组织条件相匹配是指标注流程设计要依据实际资源条件进行，不可过于保守，也不可过于冒进。当然，最大化地发挥资源优势是标注流程设计的原则之一，并且在标注项目实施过程中，也需要克服一些限制条件来实现一定的突破，但设计者也需要综合衡量，量力而行，并针对性地制定克服限制条件的解决方案，否则会出现设计者满心欢喜，实施者叫苦不迭，标注项目结果惨不忍睹的尴尬局面。

4. 标注流程设计要考虑风险预防和异常处理

完美的标注项目流程不仅能够确保在正常状态下按时保质地完成标注项目，还要能在异常情况下确保万无一失。所以，在设计标注流程时，要踏实做好流程模拟和排查，尽可能考虑到所有可能出现的风险和异常情况及对策，以便在突发异常时第一时间启动应急处理方案，确保标注项目顺利完成。

5. 标注流程设计要以目标为导向，主脉络要清晰

标注流程涉及很多环节，并且每个环节还会涉及多个子流程，所以其子流

程也会比较复杂。在设计标注流程时，要依据项目目标突出核心流程及子流程中的关键环节。清晰且重点突出的标注流程有利于参与者弄清标注项目的主要目标和方向，从而保证标注项目有序、有力的实施。

6. 标注流程设计要充分考虑管理的有效性和可行性

设计标注流程的目的是便于统一管理，从而使标注项目顺利进行，因此标注流程设计最重要的是要考虑每个环节对于项目管理的有效性。环节的设置一方面要能简化管理工作，另一方面也要使管理及时有效。此外，标注流程设计同样要考虑管理的可行性，即标注流程设计要从管理角度上看能否实现。因为标注流程设计的目的是要降低管理难度，如果设计出的标注流程难以实现，这样就会失去意义。

7. 标注流程设计要灵活，注意留出可调整空间

任何标注项目都不可能依靠一个一成不变的流程顺利完成，在实施过程中偶尔会有一些不符合预期之处。因此，在设计标注流程时，针对每个环节要留出灵活的调整空间。例如，从时间、人员等方面做出预留，或者针对重点流程还需要有备选流程，从而保证在标注项目实施发生意外情况时，能够及时且很容易地做出调整。

2.3.3 标注流程中常见环节关注点及其设计

标注流程的设计更多的是对流程中的各个环节进行设计。由于每个环节的工作任务和目的不同，做对应设计时需要考虑的因素也有差别，而了解这些考虑因素也能让标注流程的设计更加顺畅和专业。对于所有标注项目来说，其流程中的关键环节及对应的设计关注点如下。

1. 数据采集

数据采集的目的是为后续的数据标注提供原材料，所以数据采集的质量和进度也决定了标注过程的执行难度及标注结果的丰满度。数据采集环节的设计需要重点考虑以下问题。

（1）数据采集的范围，采集哪个领域及什么内容范围的数据？

（2）数据采集的方式，是人工采集还是传感器采集，是系统日志采集还是网络爬虫采集？

（3）数据采集的来源，从哪些人、哪些设备或系统及哪些网站采集数据？

（4）数据采集的数量，采集多大量级的数据才能满足标注需求？

（5）数据的存储方式，采集的数据以什么方式存储，存储到哪里？

厘清了上述问题，才可以开始实施数据采集，同时基于以上关注的问题，我们也可以推断出数据采集的基本流程，即采集需求分析→寻源→采集软硬件条件准备→采集→数据整理→数据存储，如图2-1所示。

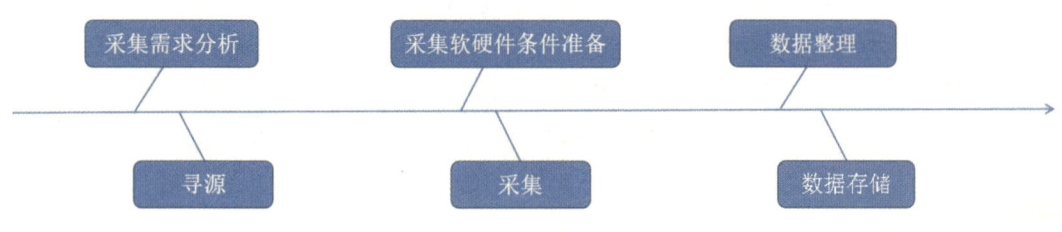

图 2-1 数据采集的基本流程图

需要注意的是，该流程并不是数据采集的固定流程，在实际数据采集过程中，很可能因为采集需求的不同而发生部分变化。

2. 数据清洗

数据清洗是对标注数据进行净化处理的过程，是确保标注活动顺利进行的前提。数据清洗环节需要重点关注的问题如下。

（1）数据中需要清洗的"污点"都有哪些？

（2）数据清洗的策略，是使用人工清洗还是使用程序自动清洗，是根据概率统计检测修改还是利用相关算法检测修改？各类"污点"的清洗顺序及侧重点是怎样的？是否需要使用多种方式混合清洗？

（3）"脏数据"的标准，即什么程度的数据"污点"需要清洗，什么程度的数据"污点"是可以接受的？

（4）数据"污点"由谁来修正，是使用人工修正还是使用程序修正？哪些"污点"必须使用人工修正？

（5）清洗后的数据以什么方式存储，存储在哪里？

基于以上分析可知，数据清洗的基本流程为数据"污点"分析→清洗策略制定→清洗标准制定→筛选数据"污点"→数据"污点"修正→干净数据整合及存储，如图2-2所示。

图 2-2　数据清洗的基本流程图

需要注意的是，在数据清洗完成后，有必要对清洗后的数据分布情况做一个简单的数据分析，以便从源头开始实现对标注项目目标的把控。此外，在制定数据清洗策略时，需要密切关注数据本身各方面的特征。在很多情况中，使用单一的清洗方式或工具是无法满足要求的，因此在实施清洗的过程中要灵活设置。在数据分析过程中，如果遇到程序报错的情况，则在一定程度上与数据清洗有关，由此看来，高质量的数据清洗也可以有效节省后续数据分析的时间。

3. 需求对接验证

需求对接验证是针对标注项目确定最终需求的过程，其重点是理解需求并从标注实施角度分析，发现需求中存在的问题，并予以改正。在需求对接验证中，需要关注以下内容。

（1）需求对接验证的策略，即需求如何对接和验证？对接节奏如何？

（2）需求的应用场景、核心任务和基本处理原则是什么？

（3）需求中是否存在瑕疵点或影响标注的问题？

（4）需求修改和确认如何进行，如何记录？是否需要约定需求确认和回复的标准格式？

（5）所给的试标数据中是否存在影响标注或需要改进的问题？

（6）是否需要形成需求方和实施方都认可的标注样例？

（7）原始需求是否需要做改写处理？

综上所述，需求对接验证的基本流程为初始了解→需求理解→问题反馈→确认修改→需求定稿整理→终版确认→标准样例制定→需求改写（如果需要），如图 2-3 所示。

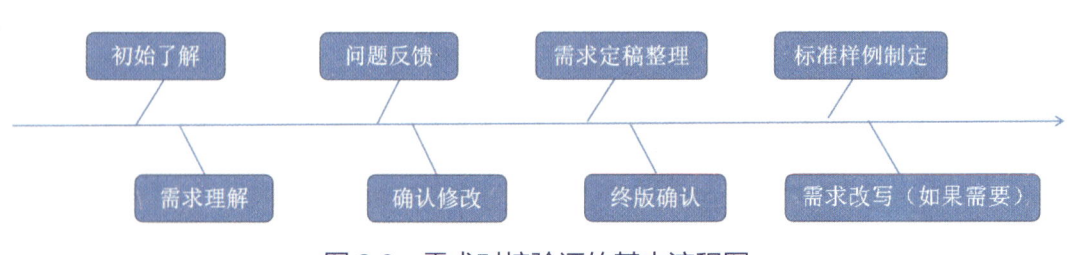

图 2-3　需求对接验证的基本流程图

由此可以得出结论，需求对接验证不仅是一个能极度显示标注专业性的环节，更是对标注项目负责的环节，因此实施方需要有极强的耐心和细心。

4. 标注准备

标注准备阶段的目的是给标注实施提供必要的条件。该过程并无明显的哪项工作在先的说法，如人员条件具备可同步进行。在标注准备阶段，需要关注以下准备工作。

（1）材料准备，标注项目实施需要准备哪些材料？由谁来准备？时间节点是怎样的？材料准备的要求是怎样的？

（2）人员准备，标注项目实施需要哪些人员？人员来源于哪里？对人员有什么要求？需要多少人？

（3）系统准备，采用什么样的标注系统？系统详细配置如何？系统中还有哪些功能可以为标注实施提供方便？

（4）数据准备，数据处理成何种格式？需要对数据做哪些分析和处理？

需要注意的是，需求方与实施方在标注准备环节中工作量的多少取决于双方是否为同一主体。一般来说，如果需求方与实施方不是同一主体，则需求方对标注准备环节的工作投入远低于实施方。

5. 标注实施

标注实施是整个标注项目的核心环节，也是检验整个标注流程设计是否成功的重要步骤。由于标注环节与质检环节在很多情况下是相伴进行且频繁联动的，因此，我们将标注环节和质检环节均纳入标注实施环节。在标注实施环节的设计中，需要重点关注以下问题。

（1）人员培训测试方式，人员培训测试通过何种方式进行，是使用系统测试还是使用人工测试？

（2）人员培训测试的策略，培训测试按照怎样的原则进行？是否需要重新学习？重新学习的触发条件是什么？重新学习的流程是怎样的？通过测试的标准是怎样的？

（3）基本指标要求，对标注环节和质检环节的任务量及质量有什么指标要求？

（4）过程控制，标注过程中需要加入哪些过程管理手段？

（5）规范变更管理，当标注规范变更时如何进行培训和管理？

（6）质检人员的选用，质检人员的选用方式是怎样的？标注人员与质检人

员之间的配比是怎样的？

（7）环节联动，标注环节如何与质检、审核、反馈、培训等环节联动？

（8）人员淘汰机制，标注人员和质检人员达到什么程度会被淘汰？人员淘汰后的人力补给如何进行？

标注实施环节的设计是整个标注流程中最难的部分，因为在实施过程中会涉及标注、质检、审核、培训、淘汰等多个环节异常情况的处理和反复循环。可以说，数据标注是一个反反复复的过程，其原因也就在此。标注实施的流程图如图2-4所示。

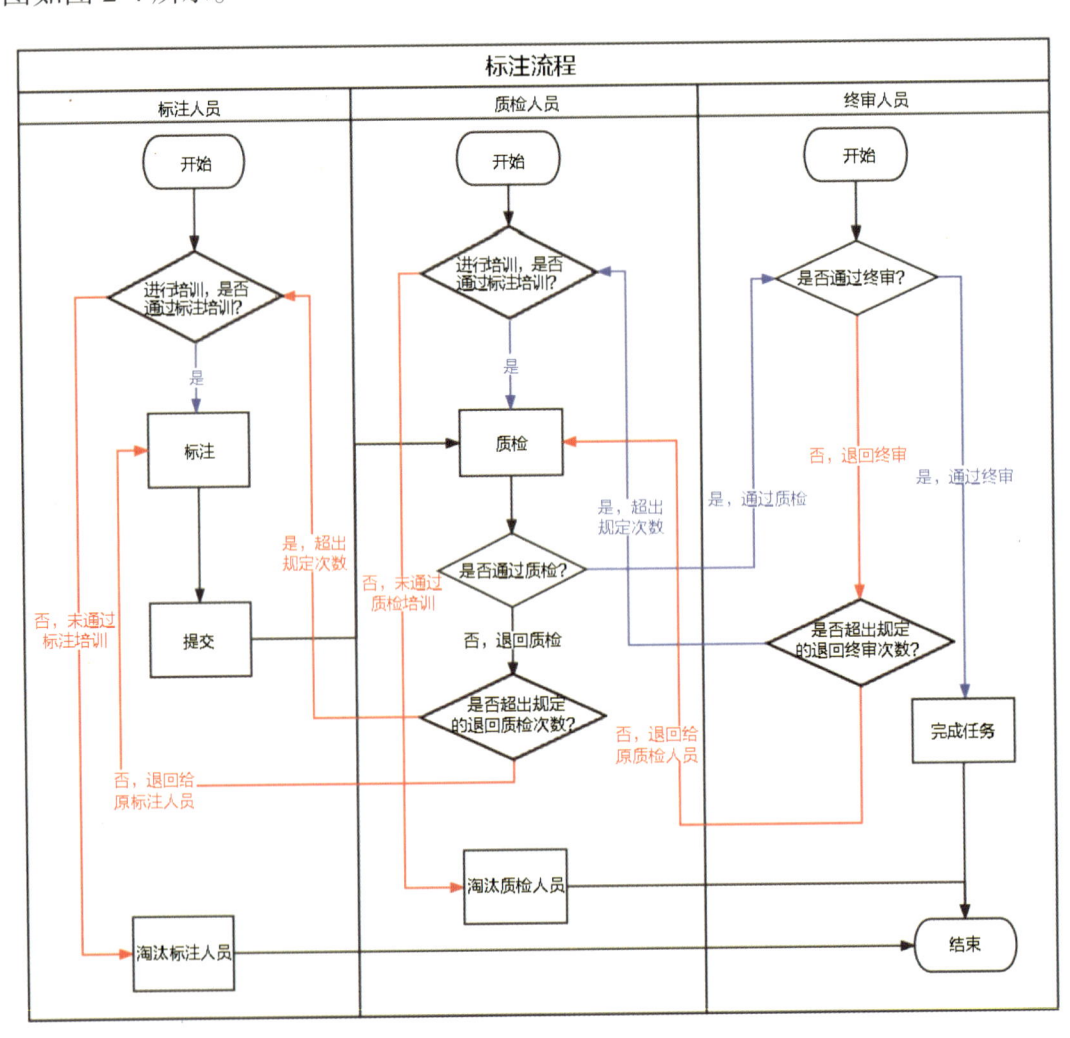

图2-4 标注实施的流程图

需要注意的是，标注实施流程仅是一个示例性的流程，并不代表标注行业的普遍做法。不同的项目主体可以依据项目本身的特点对其进行改进，从而使其符合自身的需求。

6. 结果反馈

结果反馈是指在部分标注结果实施完成后，将其反馈给需求方，从而进一步确认标注质量。在结果反馈环节设计中，主要考虑以下几点内容。

（1）反馈节奏，结果反馈的频率是怎样的？何时反馈第一批结果数据？

（2）反馈流程，反馈确认的流程是怎样的？

（3）后续培训，反馈环节结束后项目人员的培训如何进行？

（4）结果优化，是否需要根据新的标准重新优化结果？如何优化结果？

结果反馈环节也是一个循环往复的反馈确认过程，其流程图如图 2-5 所示。

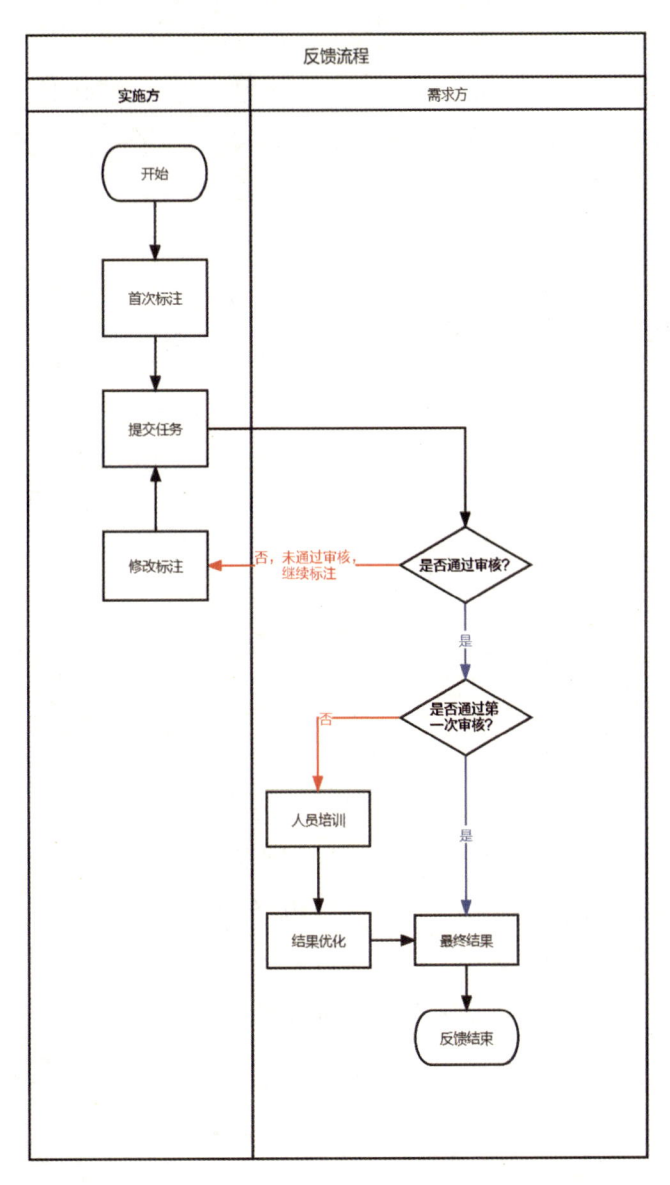

图 2-5 结果反馈的流程图

7. 收尾阶段

收尾阶段是指在整个项目的标注结果提交后，针对项目的后续整理和配合等工作。收尾阶段针对各个环节进行设计的关注点如下。

（1）结果验收，需要准备哪些验收材料？验收流程如何？验收过程中是否存在问题？如果需要修改标注结果，则该如何实施？

（2）项目整理，需要整理哪些过程数据及材料？整理材料的人员分工原则是怎样的？对于整理的材料有哪些要求？

（3）项目复盘，项目实施有哪些优缺点？项目过程中发现了哪些可改进点？项目在人员、成本等方面的执行情况如何？

（4）数据销毁，是否需要数据销毁？数据何时销毁？由谁进行数据销毁？

需要注意的是，收尾阶段的工作流程对于操作顺序没有绝对要求。实施方根据实际情况整理即可。

2.3.4 标注流程中的"技术赋能"操作

流程能否顺畅有效，一方面在于设计是否得当，另一方面也在于技术能否赋能。因此，在设计标注流程时，除了要确保设计得当，也要尽可能多地整合技术力量。对于标注流程来说，技术的优势多发挥一分，标注的效率和效果就可能翻倍。标注流程中常见的"技术赋能"操作有以下几种。

1. 模型辅助

模型辅助是指先利用模型来实现自动标注，再由标注人员在模型运行结果的基础上进行查漏补缺。一般来说，有效的模型确实能够解决大部分标注问题，从而大幅度提高标注的效率和质量实现，也能明显节约标注的人工成本。但是模型辅助也有其自身的限制，如模型运行结果是否符合要求，这在很大程度上取决于模型训练数据的标注体系与实际标注体系是否高度一致。这种影响在文本标注任务中体现得特别明显。为此，也有人专门针对所需的标注体系训练模型，以此辅助标注任务，但随之也会带来综合成本较高、模型复用率较低等问题。

值得一提的是，目前模型辅助在图片和语音标注方面已经产生了一些成功应用

案例。从这一点来看，这个问题值得我们深入研究。

2. 数据预处理

数据预处理是从数据处理层面对标注实施的另一种辅助，其原理与模型辅助类似，目的也是减少数据标注中的人工工作量，提高标注的质量和一致性。在数据标注过程中，常见的数据预处理包括数据统一模板处理、数据分类、预标注（规则数据预标注、原始数据与参考数据匹配等）。数据预处理能在很大程度上节省人工工作量，但前提是预处理结果准确率高，如果预处理准确率低，则在结果修改方面的人工投入会更大。

3. 埋雷

埋雷是标注项目管理中的常用手段，主要能在标注系统中发挥作用。在对应的标注项目中配置预先标注好的地雷文件，以此来检验标注人员的标注状态、标注质量等。当标注人员在标注过程中触发了地雷，标注系统一方面会提示标注人员，另一方面也会提示管理者，以此来提前预知项目质量存在的风险。此外，埋雷与标注项目管理过程的融合也是行业内比较提倡的做法。例如，埋雷与标注人员培训淘汰机制相融合，在触发设定条件时启动标注人员重新学习的程序。类似的做法还有很多，这里不再逐一列举。

在标注流程中，可采用的技术辅助手段还有很多，如通过标注系统实现的规范更新提示、任务自动轮转等。只要我们在设计标注流程时多加思考，就可以让技术在标注过程中更好地赋能。

2.3.5 标注流程设计中的误区

身为标注行业的一员，对于标注流程，没有人比我们更熟悉。但对于标注流程的设计，却不是熟悉就可以的。即使已身为流程设计者，在流程设计上也会存在很多误区，主要有以下几点。

1. 标注流程中的环节越多证明流程越完善

很多设计者认为，标注流程是一个复杂的过程，要想考虑周到就必须设计

很多环节，否则便无法详细地展示自己的设计。殊不知，流程设计完善不等于环节多。好的标注流程会让人感觉"设计刚好简洁，我刚好能理解"，这种"一切刚刚好"的状态才是标注流程设计的最高境界。

2. 标注流程中设计的所有环节都必须照做不误

很多人认为，标注流程的目的是给标注实施起到指导作用，所以标注人员要对标注流程中设计的环节必须照做不误。这种生搬硬套的做法是不可取的。因为标注流程设计即使再完美，也难免会出现瑕疵。在了解某一环节存在缺陷的情况下，应该给予标注人员一定的灵活度，允许其根据实际情况对标注流程做出取舍或补充。

3. 标注流程设计已经成熟，无限复制即可

在标注流程设计者行列中，不乏经验丰富者。他也许设计过很多标注流程，因此在设计过程中常常会步入经验至上的误区，经常认为即有的标注流程设计是成熟的流程，适用于所有项目，无限复制即可。但需要注意的是，在标注流程设计中，能够稳定且不随项目特点变化的环节只是一部分，而其他部分需要根据项目特点进行灵活调整。因此，在标注流程设计中，即有流程再成熟，也需要视情况调整，否则就会出现部分环节偏离目标的情况。

4. 标注流程设计已确定，按照步骤实施完成项目即可交付

这是设计者对标注流程设计的错误定义，也是对标注流程设计理解不透彻的表现。标注流程设计是为了使标注顺利完成，好的流程也能起到决定性作用，但要建立在落实到位的基础上。确保标注流程有效一方面在于设计，另一方面在于落实到位。在标注流程的落实过程中，同样需要对落实情况进行跟踪，只有确保落实到位，才能顺利交付项目。

综上所述，标注流程设计并非想象得那样简单。在标注流程设计的每个环节中，都要对事件逐一分解，从而能够全面地考虑问题。此外，标注流程设计是否成功还需要经过实际标注过程的检验。同时，在标注流程实施过程中，也需要按照标注流程设计的最初目的来实现对流程各环节实施效果的有效跟踪，只有这样才能让标注流程设计在实际标注过程中发挥应有的作用。

2.4 标注规范设计

随着社会的发展与进步，各行各业的职业岗位都在发生着巨大的变化，人们能参与的职业活动内容和方式越来越多。俗话说："没有规矩不成方圆"。对于需要众人参与的各项活动来说，没有统一的行动规范是行不通的。我们对"规范"这个词并不陌生，但对其理解的深度各不相同。我们常说的"规范"有两种含义，一种是名词词性，明文规定或约定俗成的标准，如行为规范、技术规范等；另一种是动词词性，按照既定标准、规范的要求进行操作，使某一行为或活动达到或超出规定的标准，如规范管理、规范操作等。但无论是哪种含义，均体现了一个核心，那就是标准。所以，规范的本质是在为某项活动提供标准，并使活动者按照既定标准执行。

所谓国有国法，家有家规，各项工作都有对应的操作规范，数据标注也是如此。数据标注规范是指为某个标注任务制定的操作规范，目的是为标注任务提供统一的行动标准，从而确保不同的标注人员能够产生标准一致的结果。标注规范是标注活动的一把标尺，它就相当于为标注人员规划了统一的跑道，既对其活动起到约束作用，又起到指引作用。因此，标注规范设计得当与否是标注人员能否尽快上手的关键，而标注规范设计的好与坏从标注人员对任务的理解上也能一目了然。其实，设计标注规范并不是一件容易的事情，要想设计一个实用的标注规范，先要深刻理解为什么设计标注规范。

2.4.1 为什么要设计标注规范

设计标注规范是开展一项标注任务的必经步骤，对标注项目也有着不可替代的意义。此处将从3个角度来介绍设计标注规范的意义。从标注规范本身来说，设计标注规范的意义如下。

1. 标注规范是纲，是标注活动的根本依据

众所周知，标注规范的核心作用是对标注任务的做法进行说明，因此它是

标注活动的基本纲领和行动依据,对标注项目的实施具有指导作用。有了标注规范,标注行动才有方向,实施方才能知道如何标注。此外,只有按照标注规范实施标注后,得出的标注结果对解决相关的问题才有意义,如果不按照标注规范实施,得到再多的数据也只是一堆毫无意义的数据。

2. 标注规范是确保标注活动一致的重要手段

标注规范除了具有指导作用,也具有一定的约束作用。它为参与标注任务的标注人员提供了统一的标准,从而确保所有标注人员按照统一的标准进行标注,以此保证由不同标注人员实施的结果也能达到一致效果。

3. 标注规范是衡量标注结果是否符合要求的准绳

标注规范的另一个作用是构成供需双方统一需求及标注标准的依据。标注规范中对每个知识点的标注说明都是经过供需双方统一认可的,无论是在实施方内审还是在需求方验收时,都需要以标注规范为依据来判断结果是否符合要求或是否存在需求变更。因此,标注规范的准绳作用是不容忽视的。

除了标注规范本身,设计标注规范这项工作本身也意义重大。换句话说,对标注规范进行设计也是有意义的,这种意义可以从实施方、需求方两个角度来理解。

首先,从实施方角度来理解。设计标注规范能使规范的可接受度变得更高。对标注规范进行设计可以体现在很多方面,其中之一就是对标注规范内容及表述的设计。恰到好处的内容和表述不仅能体现出标注规范的专业性,更有利于标注人员的任务学习和理解,从而使标注人员的能力达到完成标注任务的要求,也让标注项目有更多的人力可用。

其次,从需求方角度来理解。标注规范经过精心设计才能保证其实用且经得起验证。如前文所述,需求方提出标注需求的最终目的是要解决某一方面的问题,因此标注规范对实用性的要求非常高。标注规范实用性是体现在多方面的,如前后处理原则的一致性、对于解决领域问题的实用性等。各方面实用性的保证都需要经过各个专家或资深人员的精心调研、思考和验证,从而做出最实用的设计。因此,标注规范设计是保证标注规范实用且经得起验证的前提。

2.4.2 标注规范设计原则

设计标注规范是一项细致而又富有技术含量的工作。该工作涉及内容、用语、知识体系、结构、处理原则等多个角度的设计，同时各方面都需要遵循以下设计原则。

1. 内容要具有实用性

标注规范内容的实用性体现在两方面：一方面是标注规范所使用的标注知识体系对解决实际问题是有效的，这种有效性可以通过实际应用得到验证；另一方面是标注规范中的内容设置能够为标注项目提供明确全面的参考，从而确保标注项目顺利实施。标注规范内容的实用性是标注规范设计工作的最重要原则，如果无法保证标注规范的实用性，则标注规范的设计便没有意义。

2. 语言要通俗易懂

在标注项目中，标注规范的设计者与实施方通常不是同一人，因此在需求理解过程中必然会出现因知识背景不同而导致的理解差异。为了避免出现这种情况，标注规范的表述应该尽量直白，以便标注人员能看懂，从而使其更好地理解需求。在标注项目管理过程中，通常需要对原始标注规范进行改写，其中一部分原因也是为了使原始标注规范通俗易懂。

3. 知识体系要符合常识和科学规律

任何问题的解决都要依据事物的客观发展规律及科学知识来进行，数据标注也不例外。在设计标注规范时，要确保每一条核心规则都能对应相应领域或学科的某一个知识点，不应该凭空想象或捏造事实。只有核心规则符合常识和科学规律，标注结果才能有实际意义。

4. 结构逻辑要清晰，突出重点

这里的结构主要是指标注规范中各部分内容的排列次序及重要程度。在标注规范中，各部分内容并不是随意排列的。每个人在理解一件事的过程中，其思维都具有一定的逻辑规律，因此标注规范的内容排列也要遵循这个规律。只有这样才能让标注人员在理解需求时将所有知识点连成线，从而顺理成章地理解任务，否则就会给人一种思维跳跃的感觉，不利于任务理解。

5. 处理原则要统一明确

一个标注人员真正理解标注任务最直接的表现就是能够根据标注知识点总结出任务的基本处理原则，此时，标注人员与需求方之间才能针对某一标注问题的处理达成一致意见。所以，在设计标注规范的过程中，给出明确统一的处理原则往往能够缩短标注理解的介入期并加快标注的进程。

2.4.3 标注规范的设计

如前文所述，标注规范的设计主要包括内容、用语、知识体系、结构、处理原则5方面。本节将从这5方面介绍标注规范的设计。

1. 标注规范内容设计

对于标注任务来说，标注规范内容可以分为两类：一类是必备内容，标注规范中必须设置的内容；另一类是可选内容，根据实际情况有选择性地设置内容。一般来说，要想将某个标注任务讲清楚，标注规范中至少应包括以下几项内容。

（1）标注任务背景，标注任务的用途，标注任务要重点解决什么样的问题。

（2）标注目标，标注任务需要标注人员做哪些事情，哪些需要标注，哪些不需要标注。

（3）基本原则，标注任务要遵循的整体原则及冲突情况下的优先级顺序。

（4）知识体系，对标注规则的详细解说及知识点解读。

（5）注意事项，在标注任务过程中需要特别注意的要点。这些要点可以是总结出来的易错点，也可以是特殊案例，还可以是对主要规则的补充或校正的关键点。

（6）标注系统操作说明，对标注任务所依赖的标注系统的使用说明。

（7）标注结果样例，其目的是给标注人员提供参考，使标注人员能够直观地看到什么样的结果是合格的标注结果。

除了上述必备的内容，在标注规范中还可以有选择性地设置以下内容。

（1）背景知识，是指与标注知识体系相关的专业知识，如什么是实体等。

（2）修订记录，对当前标注规范历史版本的修订记录，通常说明每次都更新了哪些内容。

（3）混淆点解析，对标注人员在标注过程中容易混淆的点进行辨析，以帮助他们分清相似情况的区别，从而避免产生混淆。

以上为标注规范中的常见内容，这些内容基本能够涵盖标注活动中可能出现的情况。在实际制定标注规范的过程中，可以根据实际标注任务情况及标注人员情况对内容进行排序和增、删、改，从而使标注规范更适用于标注任务。

2. 标注规范用语设计

标注规范用语设计主要是对标注规范中的表述和用词进行控制，从而确保标注规范便于理解。在标注规范行文中，应该注意以下设计。

（1）语言风格。标注规范的语言表述要简练，用尽量简短的语言告诉标注人员需要做什么，怎么做，避免长篇大论，晦涩难懂。

（2）用词习惯。在标注规范行文中，要尽量使用与标注人员文化素质相匹配的词语，避免过多地使用专业术语，因为标注人员在很多情况下并不一定具备相应领域的专业知识，过多的专业术语可能会造成标注人员的理解障碍。如果必须使用专业术语，则建议在相应专业术语的后面添加注释。

3. 知识体系设计

这里的知识体系是指标注项目所依赖的核心标注规则。在标注任务中，知识体系的设计是一项很难的工作。因为每个标注任务所涉及的领域不同，需要设计者具备的专业背景知识也不同。一般来说，要想做好标注任务中知识体系的设计，需要做好以下几项工作。

（1）需要确定标注任务所属的专业领域和应用背景。确定专业领域和应用背景是设计知识体系的第一步，它相当于给知识体系设计指明了方向。只有先了解了领域和应用背景，才能以这些为基础将知识点逐层剥离出来。

（2）需要基于专业领域和应用背景将知识点逐层剥离。对专业领域和应用背景进行剖析的过程并不是随便可以完成的，需要精通领域应用知识的专家介入。这样一方面可以保证知识体系的准确性，另一方面也能确保知识体系的实用性。至于专家的具体介入方式，可以依据具体情况而定。

（3）需要做好知识体系的整理工作。在将知识点剥离出来后，需要按照划分的体系进行整理，从而使其形成体系化的知识。

（4）需要做好知识验证和修改更新工作。标注任务中的知识体系并不是整理完成即可，还需要通过标注和应用过程进行验证，并对存在的缺陷和不足进行修改，直至确认该知识体系适用为止。

4. 标注规范结构设计

标注规范结构设计是指标注规范中内容顺序及标注规范脉络的设计。标注规范结构设计主要是遵循标注任务的逻辑顺序。在通常情况下，标注任务的逻辑顺序如下。

第1，标注任务是什么。即需要做什么。

第2，标注任务背后的原因或背景。即为什么要做这个标注任务。

第3，标注任务做法。即标注任务怎么做。

第4，标注任务所依赖的工具和实施过程是怎样的。

第5，整体处理原则。即标注任务冲突的整体处理原则和优先顺序。

第6，标注任务实施过程中的注意事项。即什么情况会导致错误。

第7，标注任务合格的标准。即标注任务做成什么样是符合要求的。

基于以上逻辑顺序，可以总结出的标注规范结构设计的逻辑顺序为标注目标→标注任务背景→知识体系→标注系统操作说明→基本原则→注意事项→标注样例。需要注意的是，该脉络结构为标注规范的常见结构，在实际标注任务过程中，也可以随着内容模块的增减及目标对象的思维习惯而改变。

5. 标注规范处理原则设计

标注规范处理原则设计是指确定标注任务的整体处理原则，即确定标注中各种情况下的取舍原则或标注考虑的优先顺序等。标注规范处理原则的确定可能与以下因素有关。

（1）实际应用问题解决过程中的侧重点。

在实际应用过程中，如果某方面呈现出的性能较弱，则可能在标注过程中重点强调或优先考虑。例如，设置标签优先级、优先保证多样性或要求将所有指代还原等。

（2）结果数据的长远应用。

有些标注项目并非专门针对某一个标注任务而设计，标注出来的结果数据也可能会供后续使用。此时，通常会设置非常细致的标注原则，以备后续扩充数据使用。

（3）标注成本。

有些标注项目从 0 开始标注成本极高，但如果使用现有可用数据进行筛选并结合小幅度修改，则可以大幅度降低标注成本，所以此时通常会设定筛选大于修改的原则。

影响处理原则的因素还有很多，在实际标注任务中，可以依据标注项目本身的侧重点和其他特点设计不同的处理原则。此外，标注规范中需要设计的方面也不仅有这些，我们需要在实际过程中不断分析和发现，从而使标注规范设计更加合理、完善。

2.4.4 标注规范设计中的误区

通过上述介绍，我们已经知道什么是标注规范及如何设计标注规范。但是，我们也需要了解标注规范设计的一些误区，从而使设计的规范更加适用于标注。在标注规范设计中，存在以下误区。

1. 设计标注规范只需设计知识体系

标注行业的很多人都会将标注规范等同于标注知识体系。但实际上，这两者并不相同，主要在于两者侧重点不同。标注规范是为了使标注人员理解需求，从而使标注顺利进行，而标注知识体系重点在于说明标注的核心知识点，对特殊情况的处理等均在标注规范中进行说明。具体来说，标注知识体系是标注规范中的核心部分，但其并不是标注规范的全部。

2. 标注规范在整个标注过程中是一劳永逸的

标注规范的重点是体现标注任务需求，因此会随着标注任务不同时期的需求定义变化而变化。标注规范设计应该是一个动态变化的过程，并非一成不变。

3. 标注规范设计得越复杂，证明标注规范越全面

标注规范设计的全面性固然重要，但是也要考虑受众程度及各部分内容的必要性。所有的标注规范设计都是要根据标注项目及标注人员的情况综合来安排内容的，设计的冗余内容过多不但起不到指导作用，还会使标注规范看起来

篇幅过长，不便于标注人员理解。

综上所述，标注规范设计是一项艰巨的任务，需要设计者与相关方相互配合与协调，也需要结合实际标注项目情况综合考虑。同时，标注规范设计是持续动态性的，需要随着标注任务侧重点的变化而不断调整。因此，设计者需要理解标注规范设计的基本原则和思想，抓住标注规范设计的本质，从而在设计过程中灵活调整，使标注规范与标注任务保持同频。

2.5 标注系统设计

随着技术的发展，标注行业已经取得了突飞猛进的发展。当今的标注行业已经不再是最初依靠基础办公软件的纯手动标注，而是已经迈入了人与标注系统高度交互的新标注时代。在标注行业的发展进程中，标注系统已经成为不可或缺的部分。随着标注系统的使用，业内也深知标注系统对数据标注的重要性，因此设计、研发标注系统的投入力度也越来越大。标注系统是由若干个相互作用、相互依赖的功能模块组合而成的整体，其目的是在数据标注业务中为标注项目提供直观、高效的实施方式并辅助实现标注项目管理。标注系统对标注业务的发展至关重要，其对标注的作用就像人在旅途中所依赖的汽车，没有它，长途旅行就只能成为泡影。

一个完美的标注系统不仅能给标注工作带来便利，更能为标注业务带来无限可能，从而使标注业务之路更加宽广、长远。由此可以看出，标注系统设计是非常重要的。

2.5.1 为什么要设计标注系统

设计一款得心应手的标注系统可以说是百利无一害。从标注业务实施的角度来看，一款完美的标注系统能够提供以下便利。

1. 为标注工作提供直观的实施界面

随着行业的发展，现如今的数据标注无论是从要求上还是从难度上都已经远超最初的标准。如此高质量、高要求的标注任务没有标注系统的支持是无法完成的。标注系统对于标注任务来说，最直接的作用就是为标注工作提供了直观可视的实施界面，同时通过标注系统替代一部分人工劳动，从操作层面降低标注的难度，使高标准、高难度、操作烦琐的标注任务实施成为可能。

2. 便于标注项目实施过程的管理、记录和监控

标注系统中的各项数据的统计功能能够使管理者及时管理、记录和监控标注项目的实施进度、质量、异常等情况，从而便于管理者根据实际情况对标注项目所涉及的人员、工具、数据等因素进行及时增、删、改、启用、禁用等操作，同时减少了管理者在管理、记录和监控方面的投入。

3. 有效提高标注效率

对于标注任务来说，标注系统起到的不仅是降低标注项目难度的作用，还有简化操作、智能标注等作用，这些都能从根本上减少标注中的人工操作强度，从而极大地提高标注效率，降低标注成本。

4. 切实保证数据安全

标注系统中的数据管理权限设置相当于对数据的入口和出口进行了统一，这样能够有效地避免数据外流，从而保证数据安全。

5. 有利于保证标注质量和一致性

标注系统对标注质量和一致性的保证主要包括两方面：一方面是完善的流程设计；另一方面是技术手段的加持。标注系统中完善的流程设计能够从人员和机制角度实现标注项目质量保证过程的良性循环，从而保证标注工作的有序开展；模型、预标注等技术手段的加持，能够实现对数据的一致性处理，从而保证标注结果一致。

6. 提高标注项目沟通效率、降低沟通成本

标注系统中的消息通知、反馈、批注等功能的精心设计不仅能够将需要告知标注人员的事项及时地传达给标注人员，还能够保证传达效果。这与一对一

的沟通相比，显著地提高了标注项目沟通效率，降低了沟通成本，同时与一对多的沟通相比，也增强了沟通效果。所以，使用标注系统沟通是既有效又保质且节省成本的方式。

2.5.2 标注系统设计原则

标注系统好用的主要原因是其设计工作做得好。巧妙的标注系统设计不仅体现在界面设计，还体现在很多细微之处。对于完美的标注系统，标注人员在使用过程中，会明显感觉这些设计并不是随心所欲的，而是处处都体现了一定的设计原则。总体来说，标注系统设计要遵循以下原则。

1. 灵活性原则

灵活性原则是指标注系统设计要在合理的情况下尽量减少对用户的限制，让用户在标注系统中能实现多元化的操作。对于标注系统来说，设计的灵活性主要体现在以下几点。

（1）功能配置灵活。

标注系统中的菜单、按钮、标注工具等功能能让用户根据自身喜好或项目情况等进行灵活设置和控制。

（2）用户操作灵活。

对同一功能或界面的控制允许用户通过多种途径或方式实现。例如，在与某一功能相关联的界面提供快捷入口。

（3）管理操作灵活。

标注系统对用户角色、权限、人员配置、项目设置、异常处理等的管理操作非常灵活，能够根据实际需要进行灵活设置。

2. 一致性原则

一致性原则是指标注系统中对界面、流程、逻辑等设计要保持一致。标注系统的一致性主要体现在以下几点。

（1）界面设置一致。

标注系统中各界面的风格、色彩、同类用途界面的基本功能、图标位置等设置要保持一致，只有界面设置一致才能让整个标注系统形成一个整体。

（2）任务流转一致。

标注系统针对所有任务要有统一的流转规则和流程，对异常情况的处理也要有统一的处理机制和规则。任务流转一致是保证标注实施流程形成良性循环的前提。

（3）操作逻辑一致。

标注系统对同一功能的操作顺序及实现方式要保持一致。例如，对于标注系统中所有多级标签的选择，可以全部采用级联方式，也可以全部不采用级联方式。需要注意的是，不可以采用部分级联、部分不级联的方式。

3. 容错性原则

允许用户在使用标注系统的过程中误操作并使其拥有更正的机会。容错是标注系统设计的最基本要求。标注系统设计的容错性主要体现在以下几点。

（1）动作可逆性。在用户出现错误操作时允许进行撤销、回退、修改等操作。

（2）留存历史操作。当用户有流程未走完的操作时，帮助保存历史操作记录，以便在用户重新进入后能够找到该操作任务，从而进一步完成编辑操作。

（3）错误操作提示。当用户进行删除、退出等可能造成不可逆后果的操作时，标注系统给予必要的提示，从而提醒用户使其有补救的机会。

4. 易用性原则

易用比较容易理解，是指标注系统使用起来方便。标注系统的易用性主要体现在以下几点。

（1）符合操作习惯。

标注系统的操作顺序及功能设置要符合用户的正常操作习惯。以标注任务实施页面为例，用户的操作习惯通常是从上到下、从左到右的。所以，当用户进入标注任务实施页面时，需要将用户先要操作的部分放在上方最左侧，再依次向右、向下排列。

（2）操作界面设置简洁。

操作界面不花哨，主要功能排列有序且重点突出，能让用户很容易地找到所需要的功能。

（3）减少操作频率。

标注系统设计要尽量减少用户的手动操作频率，因为对于标注任务来说，标注人员每节省一步操作不仅能提高工作效率和产能，还减少在标注过程中的兼顾因素，从而有利于保证标注质量。

（4）辅助功能全面。

标注系统要最大化地融入辅助功能，以便在用户操作过程中能够得到及时的指导和帮助。

（5）贴心操作无处不在。

贴心操作是标注系统友好性的最直接体现，其主要目的是减少用户因误操作导致的损失。例如，标注系统中对重要消息或误操作等方面的提示、意外中断记录的保存等均属于贴心操作。

2.5.3 标注系统的设计

标注系统的设计是一个复杂的过程，主要涉及角色权限、使用逻辑、操作界面、标注系统功能4方面的设计，具体内容如下。

1. 角色权限设计

角色是指具有一类相同操作权限的用户的总称，而权限与权力相似，是指能够访问某接口或进行某操作的授权资格。角色权限设计实际上就是针对某一类角色授予某些权限。简单来讲，角色权限设计环节要做的就是确定什么样的人在标注系统中可以做什么样的事。有了角色权限管理，工作群组内不同人员、不同组织才有不同的分工。组织管理的便捷性也就体现于此。

标注系统角色权限的设计通常依据 ACL、ABAC、DAC、RBAC 等模型完成，理念是将用户、角色与权限进行关联对应，实现灵活配置，再结合角色继承、约束控制和职责分离等进一步实现更精细化的管理。标注系统角色权限设计通常要经过以下步骤。

（1）盘点角色。

盘点角色是指列出标注系统中可能存在的角色。标注系统中的角色主要依据标注业务流程来盘点，常见的角色如下。

- 标注角色：指实施标注的人员（简称标注人员）。
- 质检角色：指实施质检的人员（简称质检人员）。

- 标注项目管理角色：对标注人员和质检人员进行管理的角色。
- 标注系统管理角色：对整个平台用户进行管理的角色。

除了上述基本角色，还可以根据业务分支等情况设置机构管理、业务管理、团队管理等角色。

（2）盘点权限。

盘点权限是指列出标注系统中所有的权限并进行整理归类。一般标注系统权限盘点包括以下几方面的权限。

- 页面权限：用户在标注系统内可见并可使用的页面，一般通过导航/菜单来控制，其中，导航/菜单可以是单级的，也可以是多级的。在标注系统中，一级和二级导航/菜单较为常见，也可设置更多级导航/菜单，主要根据具体业务需要来设置。
- 操作权限：页面的功能按钮包括增、删、改、查、审等。
- 数据权限：不同角色在同一页面看到的数据是不同的。例如，A 标注项目组人员只能看到 A 标注项目相关的数据，B 标注项目组人员只能看到 B 标注项目相关的数据。

（3）将角色与权限相连接。

将角色与权限相连接是指连接权限点与角色的关系，整理出整个标注系统的角色权限图。至于将哪个权限授予哪个角色，重点还是要看业务流程及每个角色的职责划分。例如，对于标注系统来说，角色权限连接后可以形成角色权限图，如图 2-6 所示。

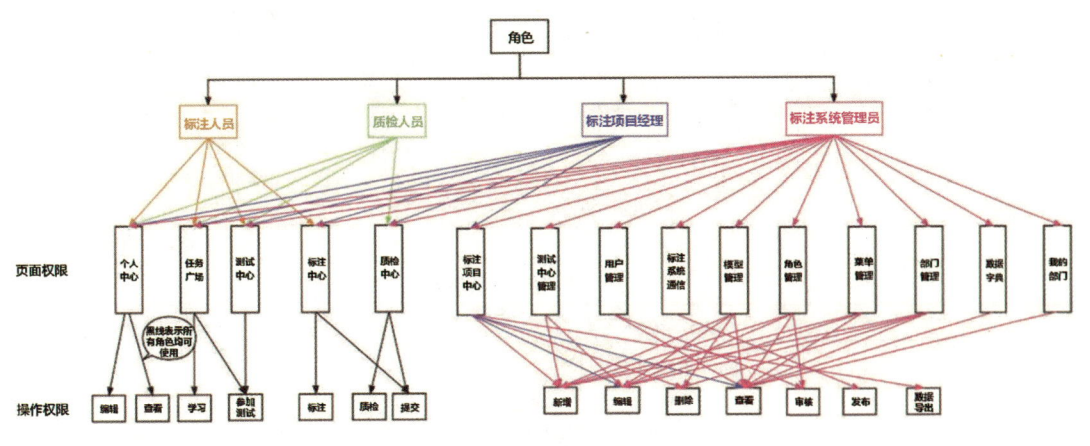

图 2-6 角色权限图

需要注意的是，在进行标注系统的权限设计时，首先要考虑标注系统的安全性，不仅要考虑标注系统的安全规则和策略，也要考虑降低用户操作错误导

致的风险概率等要素；其次要注意权限边界的清晰度，且权限管理要具备一定的可拓展性，从而提高标注系统的利用率。

2. 使用逻辑设计

在进行角色权限设计后，还要针对标注系统的使用逻辑进行设计。使用逻辑是指各个用户、角色的授权/导入流程、任务和项目在标注系统内的流转流程。标注系统使用逻辑设计的要点如下。

（1）明确标注系统中的账号体系。

选择导入账号还是选择用户注册账号，账号统一采用什么样的验证方式。

（2）设计用户的授权流程。

对于标注系统来说，对用户授权的方式有两种：一种是用户通过测试后申请权限，这种方式适用于标注人员及质检人员报名申请参与标注项目；另一种是管理人员授权给用户，这种方式适用于管理权限的授权。当然，标注人员和质检人员的操作权限也可通过第二种方式来授权。

（3）明确状态转换逻辑。

明确从标注项目发布到标注项目实施完成并交付的整体操作流程，也就是进一步明确标注任务、项目和账号在标注系统中会有哪些状态，进入某一状态的操作条件及转换成该状态后的操作结果都有哪些等。状态转换逻辑一般是对实际标注业务场景的还原，常见的业务场景及流程图如图2-7所示。

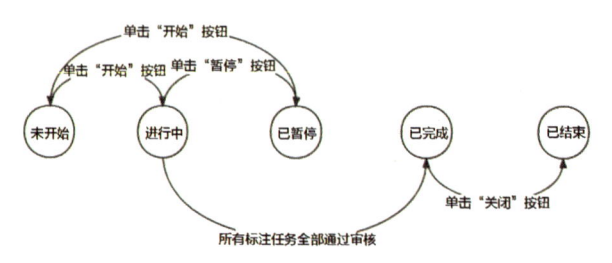

图2-7 常见的业务场景及流程图

（4）状态转换后的消息通知。

在有标注任务、项目或账号状态发生变化后，应给予标注系统消息提示，同时对重要事项要给予重要消息提示。消息提示的主要作用是及时地将状态、内容的更新传达给用户，以便用户能及时处理。消息的及时传递非常重要，所以务必要对用户进行及时的消息推送。

3. 操作界面设计

操作界面设计对于标注系统来说非常重要，因为操作界面不仅是用户认知标注系统的窗口，也是构建和谐人机交互环境的载体，有效的操作界面设计能极大地缩短用户对标注系统的接受期，从而在短期内培养用户与标注系统之间的黏性。对于标注系统来说，操作界面设计主要包括以下4方面。

（1）操作界面布局。

操作界面布局直接关系着用户能否理解标注系统的业务功能，因此操作界面布局一般以"业务为导向"，其要求如下。

- 同类操作界面要布局统一，表格、树等同类元素的风格要一致。
- 重要信息要放在重要位置，按照从左到右、从上到下的顺序设置。
- 操作界面上相似或相关联的功能要放在相近处。
- 在操作的过程中，要求鼠标指针移动的距离最短。
- 一行显示信息要以与人眼视觉范围相匹配为标准。
- 操作界面上的字体、字号、行距及其他间距设置要统一且符合设计规范。

类似的要求还有很多，总之，一切以简单、易用为前提。

（2）弹窗设置。

在标注系统中，弹窗主要用来做项目配置、消息提示等。一般来说，标注系统中的弹窗大小要根据弹窗中的内容来确定，风格要与标注系统的整体设计风格一致，且弹窗的层级不应过多，一般限定在3级以内为宜，弹窗层级过多会导致操作界面混乱，给用户带来不良的体验。

（3）组件设置。

组件主要用来在标注系统中实现查询、新增、删除、选择、输入等操作功能。常见的组件包括日期选择、下拉列表、树形选择等。在设置组件时，一般要求组件标题中的字数不要过多，一般四字以内较常见，此外，输入框的长度要与框内内容的长度相匹配，框内数据的位置要符合常用设计标准且同类数据框的位置格式要统一。最重要的是，对于组件输入规则要根据情况加以限定，以便减少误操作的频率。

（4）操作界面颜色与装饰。

操作界面简洁美观是标注系统设计的基本要求。在标注系统中，操作界面整体要简洁、明了，各功能按钮的位置、颜色及展现形式均需要经过仔细斟酌。一般来说，由于标注人员操作频率高、强度大，标注系统通常采用淡雅的护眼色作为基础色，以免造成眼部疲劳。另外，操作界面装饰不要采用炫酷的风格，以免分散标注人员的注意力，导致心情烦躁。建议采用大方静态的元素，让人产生平心静气的感受。

尽管技术的发展已经使得操作界面风格更加多样化，但总体来说设计目标、内容等都不会发生本质变化，因此，以上原则与要求依然适用。

4. 标注系统功能设计

标注系统功能是使标注系统中各项流程落地的重要手段，也是用户在使用过程中的核心关注点。标注系统中应具备怎样的功能不是凭空想象的，而是需要以业务流程等为依据进行分析的。标注系统功能设计通常需要遵循以下步骤。

- 理解业务场景。分析用户需要使用标注系统完成哪些工作？每类工作的关注点在哪？这些关注点都包括哪些因素？
- 寻找功能点。在充分理解业务场景后，需要按照对每个细化场景的分析找到标注系统应该具备的功能点。
- 细化逻辑及功能。厘清每个功能的操作逻辑并按照操作逻辑对标注系统功能进行细化，从而形成更完整的功能列表。

标注系统的功能大致可以分为以下两类。

（1）基本功能。

基本功能是指业务和标注系统稳定运行所必需的功能。标注系统中的基本功能大致包括以下 5 方面。

- 项目创建相关的功能。项目创建所需的项目信息、数据和文件导入/导出等。
- 项目配置相关的功能。例如，工具配置、人员配置等。
- 任务实施相关的功能。例如，标签选择、保存、提交、任务列表、标注结果展示等。
- 项目管理相关的功能。例如，数据管理、统计、人员管理、任务流转等。
- 标注系统管理相关的功能。例如，角色权限管理、菜单管理、用户管理等。

（2）辅助功能。

辅助功能是指在基本功能之外，为了方便用户而设计的具有辅助作用的功能。标注系统中的此类功能一般包括以下内容。

- 数据预处理相关的辅助功能。例如，模型、字典、词库、检索等。
- 标注实施相关的辅助功能。例如，字体设置、辅助线、参考框、页面布局调整等。
- 管理相关的辅助功能。例如，消息提示、自动质检等。

需要注意的是，上述功能仅是本书根据实际标注场景列举的部分功能，并不代表所有标注系统。标注系统的功能设计还包括很多方面，要想完成更好的标注系统功能设计，设计者还需要不断学习。

2.5.4 标注系统部分标注类型标注页面设计方案对比分析

通过2.5.3节的内容，我们已经了解了标注系统的基本设计理论和常见功能，在此基础上，再来了解一下标注系统对不同任务类型标注页面的常见实现方式。由于图片和语音标注较为常见，因此此处不进行详细介绍。本节以文本标注中较为常见的实体、关系和事件标注为例来进行简单介绍。同时，为了让读者有一个更加简单、直观的感受，本节将结合示意图来进行辅助说明。需要声明的是，这些示意图仅为了展示大致的实现方式，不代表任何一个具体的标注平台。

1. 实体标注

对于实体标注任务来说，从目前可见的标注系统来看，主要采用的还是打标签的方式，但不同的标注系统在打标签的操作顺序上会有一定的差异。

图2-8和图2-9所示均为实体标注的打标签操作，但这两种打标签方式会有细微差别。图2-8所示为单击多控的实施方式。图2-9所示为单击单控的实施方式。

单击多控是指单击一下标签按钮，可以连续给多个实体打上同类实体标签。单击单控是指每单击一次标签只对一个实体打标签。这两种打标签方式的主要区别在于操作习惯的不同，单击多控需要先单击标签再选取内容，并且可以对选取内容连续地打上同类标签；单击单控是先选取内容再单击标签，选取一次

单击一次。这两种打标签方式各有利弊，其对比如表2-1所示。

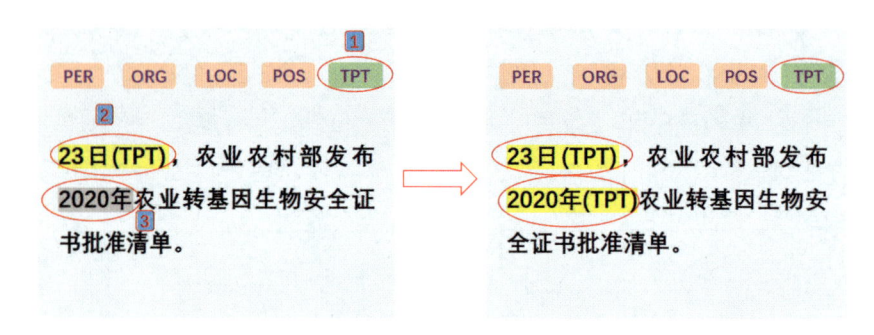

图2-8 单击多控的实施方式

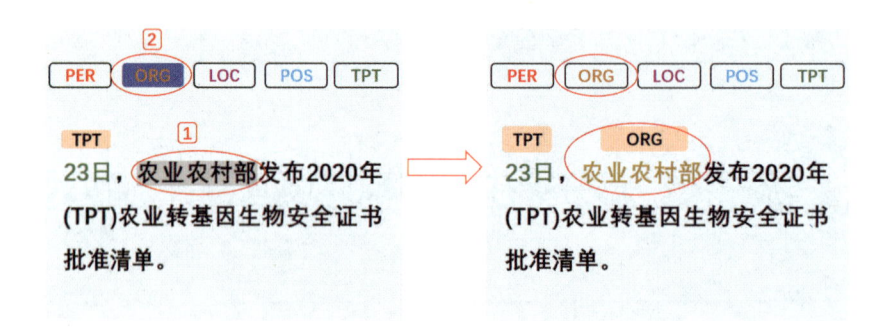

图2-9 单击单控的实施方式

表2-1 单击多控与单击单控对比

方式	优势	劣势
单击多控	当连续遇到多个同类实体标签时无须重复单击标签	当遇到的实体标签并非连续同类时，需要先阅读再单击标签，最后返回寻找需要标注的内容并做选取操作。与单击单控相比，单击多控多一步寻找标注内容的操作
单击单控	操作比较规律，无论遇到的实体标签是否连续，都能在阅读文字后先选取内容再单击标签	当连续遇到多个同类实体标签时，也需要遵循规律性的操作，无法像单击多控一样，连续选取内容。仅针对这一特点对比，单击单控的效率不如单击多控的效率

表2-1是对两种打标签方式的简单对比，这两种打标签方式可以说是各有

利弊，因此不能绝对地认为哪一种方式好或哪一种方式坏。在实际设计实体标注系统时，还需要根据标注系统的实际需要与标注人员的操作习惯来决定采用哪种方式，从而做出最佳的选择。

2. 关系标注

与实体标注相比，关系标注稍显复杂。因为在关系标注的过程中，不仅要标明关系，还需要标注关系所涉及的头实体与尾实体的实体类别。总体来说，目前从各标注系统中了解到，它们在做关系标注时，头尾实体标注主要采用实体标签的方式，在做关系标注时主要通过4种方式实现：关系线、下拉列表、关系树、填槽值。由于目前在关系标注中，对于头尾实体的标注方法比较统一，因此我们暂不进行详细介绍。下面主要讨论关系标注，主要包括以下4种方式。

（1）关系线标注。

关系线标注是指直观地将头尾实体用带箭头的线联系起来，该条线即可表示两实体之间的关系，箭头表示关系的方向，如图2-10所示。

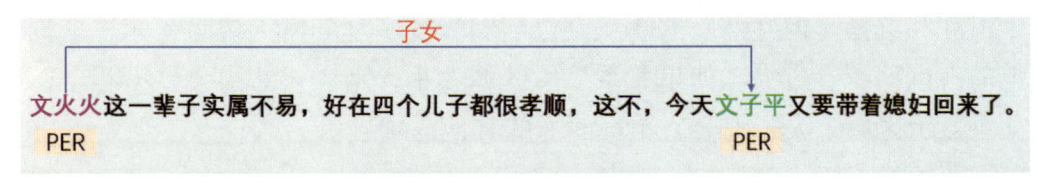

图2-10 关系线标注示例

这种标注方式的好处就是清晰、直观，当标注时，在原始文本上直接编辑即可，便于将思考结果直接体现出来；其缺点是，无论文本多长都只能一行显示，这会导致反复拖动困难且费时、耗力。

（2）下拉列表标注。

下拉列表标注是指从关系下拉列表中选择关系类别，关系的方向通常由下拉列表下方的方向箭头表示，如图2-11所示。

图2-11 下拉列表标注示例

这种标注方式能够将针对一条文本标出的所有关系直观地列出来，选择关

系的方式也简单。但当关系列表中的种类过多时，会导致下拉列表过长，选择时不便于查找，也容易出现错选情况。

（3）关系树标注。

关系树标注是指通过直接从关系树上点选的方式来表示关系类别，点选后的关系会直接显示在两实体之间，表示关系方向的箭头上，如图2-12所示。

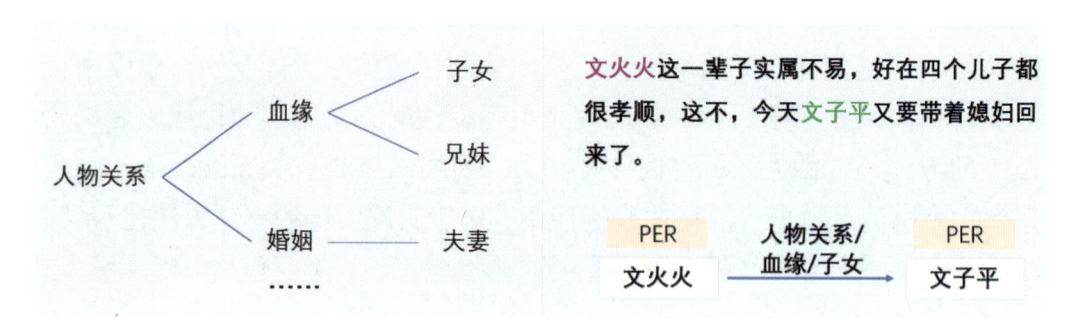

图2-12　关系树标注示例

关系树是体现多级关系的较佳标注方式，因为它能直观地体现层级结构，便于追溯和选择。但其唯一的缺点是，当层级过多时，树状结构在标注系统页面上的占据面积会过大。如果关系显示区域太小，则树状结构会显示不全；如果关系显示区域太大，则会影响页面上的其他区域显示。

（4）填槽值标注。

填槽值标注是指在两实体之间的关系线上直接填入关系名称，而不需要通过任何方式选择，如图2-13所示。

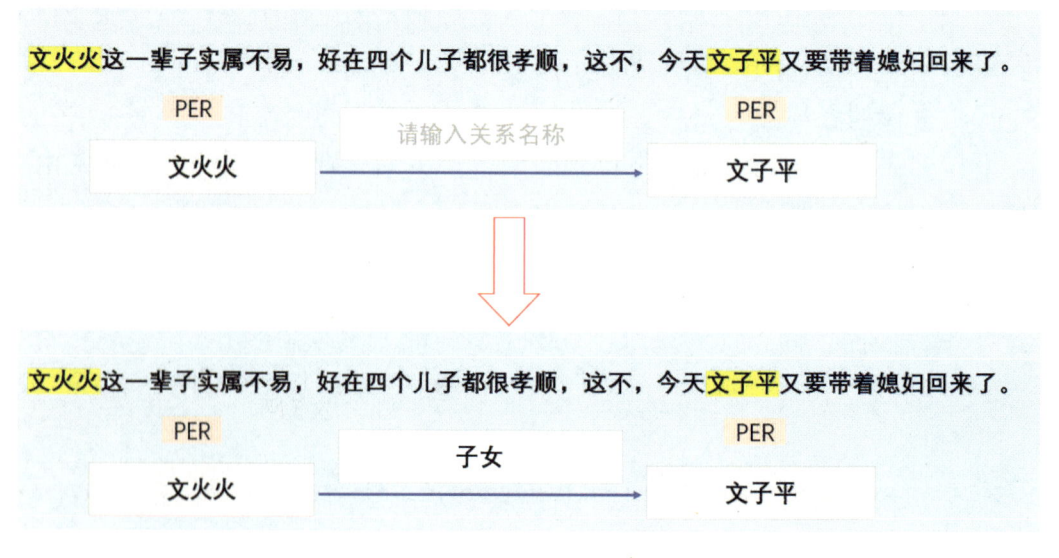

图2-13　填槽值标注示例

填槽值标注方式与下拉列表标注方式相比能很好地规避下拉列表过长的问题，但也会随着新问题的出现，那就是输入的方式会导致在很多时候出现错别字等情况，从而直接导致出现标注结果错误。

3. 事件标注

事件标注属于三者中最复杂的，在标注过程中，需要判断事件类型与事件相关的各个要素。目前，常见的事件标注方式主要有两种：一种是打标签方式，另一种是依存划线方式。下面主要介绍这两种方式。

（1）打标签方式。

打标签方式属于比较简单的事件标注方式，其主要适用于单纯的事件要素标注，如图2-14所示。

图2-14　打标签事件标注

图2-14所示为常见的方式，在原始文本上方打上事件要素标签，在下方选择事件类型。从目前应用和操作来看，这种方式属于较为适合的事件标注方式，整个标注一气呵成。这种实现方式的优点是不受折行和字数限制；缺点是它仅适用于句子级的事件要素标注，无法实现段落或篇章级事件的标注，其原因是它需要针对某个事件单独选择事件类型，所以当段落中有多个事件时，无法做到精准对应地选择。为了实现这一点，个别标注系统对其进行了改进，将事件类型直接体现在触发词上，做到合二为一，如图2-15所示。

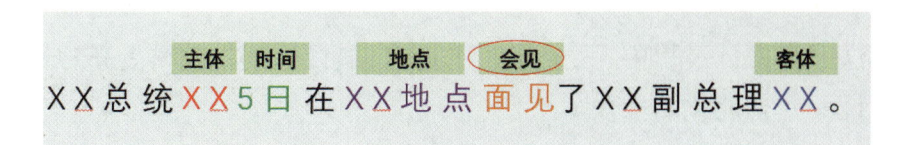

图2-15　事件类型直接体现在触发词上

在图2-15中，"面见"为触发词，将其上方的标签直接换成事件类型。在

对其打上事件类型标签的同时自动赋予触发词标签。然而，即使是这样，当一篇文章中同时出现多个事件时，依然会有标签混乱的感觉，特别是当某一事件内部嵌套着另一事件时，更是让人眼花缭乱。

（2）依存划线方式。

依存划线方式适用于较为复杂的事件标注。例如，当需要对实体、关系、事件等同时标注时，可以采用依存划线方式。这种方式一般会通过打标签来表示实体类型，通过划线来表示关系和事件要素，如图 2-16 所示。

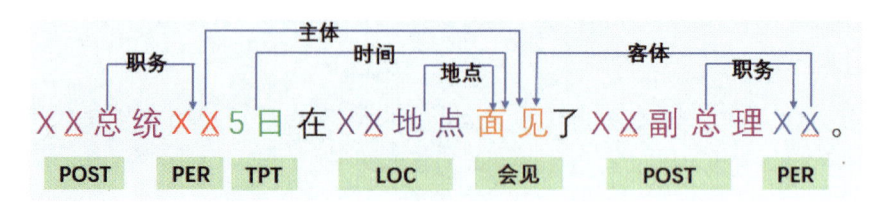

图 2-16　依存划线事件标注

图 2-16 所示为采用依存划线方式实现实体、关系和事件三者的同时标注。这种方式的优点是显示直观，事件各要素及词与词之间关系清晰，且不受跨句影响。采用这种方式，段落级和篇章级的事件标注也可以实现。但其并非绝对完美，缺点是，当文本过长时，无法折行显示，因此在标注时需要不断地来回拖动，这一操作较为费时、耗力。

以上是针对实体、关系和事件 3 种标注系统的实现方式所做的分析。通过分析可以看出，在设计标注系统时，由于每个标注类型的侧重点不同，标注系统总是会有一定的倾向，所以不能完全做到十全十美。我们要做的就是力求在此基础上，尽量做到全面、周到，让标注系统尽可能发挥优势。

2.5.5　标注系统中的智能化操作

在标注系统设计过程中，为了使标注实施、项目管理的效率更高、效果更好，通常会设计一些智能化的操作。

1. 智能标注

智能标注是指在标注人员开始标注之前，通过一些技术手段给出效果较好

的参考结果，以便降低人工投入比重并提高效率。标注系统中常见的智能标注方法是模型预标注，这种方法最大的特点是标注质量两极分化严重，即任务中与模型体系和领域相符合的点标注质量极高，与模型体系和领域不相符的点标注质量较差。因此在应用模型时，建议选择与任务体系相似的模型，否则修改量过大反而会拖慢实施进度，耗费人工成本。

2. 智能质检

智能质检是指在标注系统中设置一些能够辅助承担一部分质检工作的功能。比较常见的方式是埋雷，即在标注系统中预置一部分标准结果，从而在标注项目实施过程中起到过程质量控制作用。类似的方法还有自动验证等，都能在标注过程中提前承担一部分质检工作，从而帮助标注项目有效地避免错标、漏标。

3. 智能提示

智能提示是指在标注系统中针对用户很重要的情况能够自动提示。例如，标注规范更新提示，能够在标注规范变动时直接针对变动点给出提示；又如，针对任务流转异常情况的提示，能够使用户在登录标注系统的第一时间知晓并进行处理。

4. 智能任务管理

智能任务管理是指对任务的收发等进行自动控制。例如，智能任务分配能够免去人工领取任务的操作；智能任务回收能够避免任务实施拖沓，保证任务正常流转。

标注系统中的智能化操作还有很多，可设计成智能化的功能也有很多，这需要在设计过程中结合实际业务仔细观察，并不断想象和探索。同时，标注系统的设计并非仅靠以上理论就能很好地完成。在标注系统设计的过程中，我们首先要做到在实际工作场景中去体会，这是理解业务场景最好的办法；其次，要善于在细微处寻找灵感，注意观察细节，这是让标注系统更加贴心的关键；最后，要充分发挥想象力，在现有基础上不断演变，从而使标注系统具有更多的可能。

2.6 标注项目培训

标注项目培训是项目正式进入实施环节之前必要的一步,一直以来备受管理者重视。项目培训是指围绕特定项目开展的培训。本书中的项目培训即标注项目培训。标注项目培训一般由管理者发起,主要是围绕标注项目实施过程可能涉及的一系列工作、要求等展开培养和训练,目的是通过培训为项目实施赋能,让项目团队中的人员清晰了解项目的任务和要求,明确项目实施的节奏,并具备参与项目实施的能力。有效的标注项目培训不仅能保证项目顺利交付,更能凸显团队对项目需求理解的透彻程度及在业务上的专业性。标注项目培训并不是简单随意的过程,也需要管理者根据项目需求和团队现状精心设计。

2.6.1 标注项目培训的内容

对于标注项目来说,培训分为两方面:一方面是项目初期的入门培训,主要目的是要求团队人员理解项目需求,并挑选出符合项目要求的人员;另一方面是项目实施过程中的强化培训,主要是在项目需求有微调或项目结果有缺陷反馈等异常情况时进行针对性的培训,从而使项目实施的效果更好。以上两方面培训由于目的的不同,在内容侧重方面也有区别。对于项目入门培训来说,其培训的主要内容包括以下几方面。

(1)项目基本信息和要求。

项目基本信息和要求主要是指项目的背景信息,包括项目应用场景、任务目标、项目基本要求、验收标准等。项目基本信息和要求主要是从宏观角度使培训者对项目形成整体认知,从而为后续针对项目展开的细致培训打下基础。

(2)项目实施计划。

项目实施计划是指整个项目预期的开展节奏和进度计划,目的是让项目人

员提前知晓基本目标要求，从而客观地对自身情况进行评估，并确定自己的努力目标。

（3）业务知识。

业务知识是指与标注项目相关的业务知识，通常包括项目规范和标注系统操作相关的知识。业务知识是项目入门培训的最主要部分，没有标注业务知识的培训，标注项目就不具备实施的条件。

（4）专业背景知识。

专业背景知识是指标注人员要想完成标注项目必须具备的专业知识。例如，要想完成医学症状的标注，就要先知道什么叫作症状；要想完成身体器官的标注，就要先认识身体的各个器官。专业背景知识对于领域标注来说至关重要，不具备相应专业的背景知识，面对领域标注项目时便无从下手。

在标注项目实施过程中，还需要对标注人员进行强化培训，主要内容包括以下几点。

（1）标注问题反馈。

通过项目入门培训只能说明标注人员具备项目所需的标注能力，不代表在标注过程中不会出现问题。当质量保证环节或需求方针对标注结果给出反馈时，管理者需要将反馈意见及时传达给标注人员，并做好针对性培训。

（2）针对薄弱点进行的背景知识补充培训。

在标注项目实施过程中，标注人员很少能对规范中所有的知识点全面掌握，反而在很大概率上都会呈现出共性的问题。此时，管理者需要针对这些共性问题进行分析，并及时针对相关的背景知识进行补充培训。与项目入门培训相比，这种专项训练方式更具有针对性，能从根本上提高标注人员对项目规范的理解程度。

（3）标注技巧分享。

任何标注项目都有自身的特点和规律，因此标注人员在参与项目的过程中可以总结出一些规律和技巧。这些规律和技巧对于提高标注人员的效率和保证标注质量会有很大的帮助，所以管理者需要不定期地组织项目组内的经验和技巧分享，从而促进项目效率和质量的全面提高。另外，这些技巧也不仅限于标注理解和操作方面的技巧，还可以是一些与项目相关的资源或信息的共享。总之，只要有利于提高项目质量和效率，所有信息都可以。

2.6.2 标注项目培训的方式

为了使标注项目培训有效，除了需要知道培训内容有哪些，还需要选择恰当、有效的培训方式。一般来说，选择恰当、有效的培训方式主要考虑以下3方面。

1. 培训媒介

培训媒介是指培训内容以什么载体来呈现。标注项目培训的内容呈现方式通常有以下3种。

- 文档，基础办公软件，如Word、Excel、PowerPoint等。一般来说，标注规范的展示多使用Word；如果规则体系的层级较多，则使用Excel会更加合适；PowerPoint主要用于在培训过程中对知识点进行图文并茂的展示。
- 视频或图解，主要用于对标注任务的操作过程进行展示。
- 系统，主要用于培训过程中对真实标注场景的演示。

2. 培训途径

培训途径是指标注项目的培训通过什么途径进行。常用的标注项目培训途径主要有以下两种。

（1）线下培训。

线下培训是指现场面对面培训，由于现场培训交流及时且通畅，所以是目前比较推荐的培训途径。一般来说，如果参与项目的标注人员是全职人员，建议采用线下培训的形式，不仅能够充分交流，达到较好的培训效果，而且能节省培训的时间，加快项目培训的进程。

（2）线上培训。

线上培训是指通过网络实现的培训。线上培训的特点是组织灵活，不受时间、地域的限制。由于标注行业内兼职的标注人员较多，因此当前标注行业通常会采用这种培训方式。

3. 培训组织形式

培训还要根据人员、项目等各方面情况来选择恰当、有效的组织形式。常见的有以下4种形式。

（1）集中形式。

集中形式是指项目涉及的所有人进行集中统一的培训。这种组织形式可以有效地节省培训时间，但要提前制定有效的质量保证方案来保证培训效果。所以，通常在较为简单的标注任务中采用这种形式。

（2）一对一形式。

一对一形式是指管理者针对每个与项目相关的人员进行一对一培训指导。这种组织形式能够从根本上保证培训效果，但是付出的时间成本非常高，且进程慢。一般来说，大规模标注中很少采用这种形式，如果任务难度大，时间和成本允许，且人数较少，则可以考虑采用这种形式。

（3）分组形式。

分组形式是将项目人员分成若干个小组，并由管理者分别培训。采用这种形式既能保证较好的培训效果，又能在一定程度上保证培训进度，是比较适用的标注项目培训的组织形式。

（4）金字塔式。

金字塔式是指从项目人员中选出优秀者作为组长，将项目人员分别划入组长管理下，管理者只对组长进行培训并保证培训效果，各个组长分别对组内人员进行培训。这种形式比分组形式更快、更有效率，但需要保证所有组长对任务的理解是一致的，否则就会导致各组实施标准有差异，从而影响最终的标注质量。

以上是标注项目培训方式的选择要考虑的因素。需要注意的是，在培训中，媒介、途径和组织形式三者并不是独立存在的，而是要共同构成完整的培训方式。但在选择培训方式时，也要根据实际情况对这些要素进行灵活选择。如果情况较为复杂，则可以将多种要素结合起来使用。

2.6.3 标注项目培训的基本过程

标注项目的培训并不是随意进行的，也是有固定流程的。一般来说，标注项目培训的基本过程如下。

1. 确定培训需求和目标

确定培训需求和目标是指要确定针对哪些人员进行培训，培训哪些内容，培训到什么程度。这是着手开展培训之前必做的事，因为只有在培训需求和目标明确的情况下，培训才有方向，才能保证培训效果。此外，需要注意的是，在确定培训需求和目标之前，先要对项目人员的现有基础和项目现有的资源条件等进行全面了解，只有这样才能实现对培训内容的准确把握及对培训目标的准确定位。

2. 制定培训方案

在确定培训需求和目标后，需要根据项目人员的现有基础和项目现有的资源条件来制定具体的培训方案，从而明确如何进行培训。一般来说，培训方案是对培训具体安排的讲解，内容包括培训背景、培训思路或指导思想、培训讲师、培训对象、培训具体安排等。

3. 准备培训事宜

在确定培训方案后，需要根据培训方案来进行培训准备。培训准备是培训活动开展之前必须完成的工作，准备工作做得不到位，培训活动的开展便无法取得好的效果。标注项目培训要做的准备一般包括准备培训要用的材料、协调培训场地和培训讲师、下发培训通知等。

4. 开展培训活动

开展培训活动是项目培训的核心环节，前期做的所有准备都是为了保障培训活动的顺利开展。对于标注项目来说，开展培训活动主要包括3个阶段：首先是动员阶段，主要任务是将项目的基本信息、要求及培训内容等具体安排同步给相关人员；然后是核心内容的讲授阶段，主要讲解项目规范等与项目实施相关的核心知识；最后是测试阶段，目的是对参加培训的人员进行测试，以筛选出能够参与项目的人员。通常来说，标注项目的培训测试主要为实操答题的形式，对测试结果的评价可以通过人工评价或自动评价的方式进行。如果采用自动评价，则要求实施方具备相应的系统条件。

5. 培训复盘

培训复盘是指针对培训的各个环节及培训效果进行回顾和总结，以便总结出各个环节存在的问题、原因及改进方法，从而为下一次项目培训提供依据。

以上是标注项目培训的大致流程，在实际开展培训的过程中，不排除存在无法全面覆盖的特殊情况，此时管理者要根据实际情况进行适当调整。

2.6.4 标注项目培训方案的制定

标注项目培训方案的制定是项目培训过程中耗时最长、难度最大的环节。因为标注项目培训方案汇聚的是对整个培训活动的规划和设计。拥有项目培训方案，培训就拥有了行动依据。标注项目培训方案的制定是一个相对复杂的过程，其复杂性主要在于要考虑很多因素才能制定出完整的标注项目培训方案。

1. 制定标注项目培训方案要考虑的关键点

项目培训方案是培训目标、培训内容、培训指导者、培训对象、培训时间、培训方法，以及培训场地与设备的有机结合。因此在制定标注项目培训方案的过程中，应该对这些关键点进行综合考虑。

（1）培训目标。

培训目标的主要作用有两个：一是给培训提供明确的方向，有了培训目标，才能确定培训内容、时间、讲师、方法等具体内容；二是给培训效果评估提供依据，有了培训目标，才能在完成培训后对照目标进行效果评估。

（2）培训内容。

一般来说，标注项目培训内容包括入门培训和强化培训。入门培训是标注项目培训的第一个层次，以标注人员能够胜任项目工作为主要目的。所以，对于标注项目来说，入门培训进行的主要是知识方面的培训，知识培训有利于标注人员理解需求；强化培训以强化知识和技能为主，目的是让标注人员具有更高的项目实施能力。这两方面培训是标注项目过程中必开展的培训。

（3）培训指导者。

标注项目的培训指导者通常有两种：一种是领域专家，一般属于外部资源，主要为企业的领导、具备特殊知识和技能的员工等，重点解决专业领域知识的问题；另一种是培训讲师，主要是项目管理者，一般是内部资源，主要讲解标注项目规范和操作等实操知识。在制定项目培训方案时，我们应该根据培训需求分析和人员基础结合培训内容来确定是否要调动领域专家。

（4）培训对象。

对于标注项目来说，培训对象是相对固定的，即预计参加标注项目的标注人员。在标注项目培训中，培训目标和培训对象的基础共同决定了培训内容。例如，如果培训对象不具备相应标注领域的知识，则需要根据培训目标适当加入此类知识的讲解。

（5）培训时间。

在通常情况下，标注项目的培训时间可以从两方面来理解：一方面是何时开始培训较为恰当；另一方面是培训需要多长时间完成为宜。按照惯例，标注项目培训尽量从确定标注需求及合作事宜后开始，以便尽量争取更长的培训时间。至于培训时长主要按照培训目标及人员基础来确定，但不变的原则是培训用时越短越好。

（6）培训方法。

标注项目的培训方法有很多种，其大致按照媒介、途径和组织形式三者组合而成。各种培训方法都有其自身的优缺点。为了提高培训质量，达到培训目的，通常需要将各种方法配合起来灵活运用。标注项目培训除了要考虑培训方法，还需要考虑测试方法。一般来说，标注项目的培训测试等同于项目试标，项目试标的方式较固定，主要通过标注工具试标，评价方式主要有人工评价和自动评价两种。目前，自动评价是比较高效准确的评价方式，可以极大地缩短培训测试的时间。

（7）培训场地与设备。

标注项目的培训场地一般为工作现场，因为培训的过程通常需要结合实际操作来进行，在工作现场培训便于演示。至于标注项目的培训设备，线下培训通常使用投影仪、计算机等，线上培训需要会议软件等。标注项目的培训设备一般由培训内容和培训方法决定。

2. 制定标注项目培训方案的注意事项

需要注意的是，标注项目培训方案的制定都是以目标为导向的，在设计培训内容等时需要注意以下几点。

（1）选择培训方法要遵从因材施教的原则，要注意根据标注人员的基础和能力来选择培训方式和方法，以标注人员易于接受为前提。

（2）选择培训对象也要因目标选才，要按照目标能力与要求选择可能胜任的人才。此原则或多或少违背了培训的理念，但标注项目培训与其他培训不同，其主要目的是选择具备相应能力的人员，以完成项目目标为导向。因此，培训对象的能力不应与项目能力要求相差太远，否则便会出现投入很大精力去培训却无法提高转化率的尴尬情况。

（3）培训活动的组织要因地制宜。安排培训活动细节要充分考虑培训场地、软件等实际情况，确保所设置的实施方式能够有对应的条件来支撑。

（4）标注项目培训方案的设置要动态、灵活。标注项目培训方案的设计要在关键行动点处留出空间，充分考虑可能出现的意外情况，及时做好预案，从而动态、灵活地调整标注项目培训方案。

为了更直观地展现标注项目培训方案的格式和内容，下面介绍标注项目培训方案格式样例，希望对广大读者有所帮助。

一、标注项目培训方案的名称

此处请填写标注项目培训方案的名称。例如：×××项目培训方案。

二、标注项目培训的背景和目标

此处请填写标注项目培训的背景和目标。该部分主要目的是说明为什么要进行培训，项目应用到什么样的场景，解决什么样的问题，接受培训人员最终要完成什么样的目标。例如：

本项目是应××××应用而展开的标注项目，该项目的任务目标为××××……，因此本次培训的目标是……。

三、标注项目培训的指导思想和原则

此处请填写标注项目培训的指导思想和原则。例如：

本次标注项目培训以×××为切入点，以××××为辅助手段，重点通过×××等方式实现培训目标。培训以×××为原则，力求使更多的标注人员在最短的时间内进入项目实施状态。

四、参与组织培训人员的职责分工

此处请填写参与组织培训人员的职责分工。例如：

培训内容准备：×××。

培训专家协调：×××。

培训场地协调：×××。

五、接受培训人员的范围

此处请填写接受培训人员的范围，即明确培训人员。例如：×××部门全体人员或×××项目组全体人员。

六、标注项目培训安排

此处请填写标注项目培训的具体安排多以表格形式呈现。例如：

序号	课程名称	课程主要内容	授课教师	时间
1	×××			×××

七、标注项目培训的地点

此处请填写标注项目培训的地点。例如：×××会议室或×××线上会议。

八、标注项目培训的方式和方法

此处请填写标注项目培训预计采用的方式和方法。例如：线上一对一视频讲解等。

九、标注项目培训的测试方法

此处请填写标注项目培训预计采用的测试方法。例如：

本次标注项目培训预计采用×××测试方法，从×××中抽取出×××道题进行标注，由×××对结果进行×××评价，正确率在×××以上可进入标注环节。

十、标注项目培训需要准备的材料

此处请填写标注项目培训需要准备的材料。例如：

××× PowerPoint。

×××操作视频。

×××规范。

十一、标注项目培训预算

此处请填写标注项目培训预算，如预计支出的成本，合计×××元，可以通过表格形式展现。

十二、标注项目的注意事项

此处请填写标注项目培训的注意事项。例如，培训纪律、保密事项等。

十三、后续工作

此处请填写标注项目培训完成后的后续归档、复盘等安排。

2.6.5 标注项目培训需要特别关注的关键内容

在标注项目培训中，要关注下列几个关键点，对提高标注效率和效果有着巨大的帮助。

（1）培训应本着"先会先入项目，逐步全面放开"的原则，确保在培训期间做到最大程度的产出。标注项目不同于其他项目，由于标注人员能力与项目需求能力之间的差异，通常无法做到让所有标注人员步调一致地进入项目实施阶段。然而，项目本身对于数据产出的要求是一直存在的，因此应该尽量先保证一部分标注人员进入项目，从而实现持续增长的产出。

（2）培训应该尽量缩短周期，并根据项目具体情况采用灵活的培训方式和策略。在标注项目实施过程中，培训环节是最耗费精力和成本的，所以应该以提升培训效果，缩短周期为前提，灵活采用培训方式和策略。

（3）在培训测试前，应该对标注人员进行初步筛选，将不满足入门条件的标注人员剔除，以便加快进度。标注项目由于需求难度不同，对标注人员的能力要求也有所不同。任何标注人员都无法保证能够胜任所有标注项目，很多标注人员即使在接受较大力度的培训之后，依然无法胜任。在培训前，我们需要根据项目能力目标和标注人员的基础进行综合筛选，最大限度地确保更多的标注人员经过培训后能够参与到项目中来，从而避免浪费培训时间和成本。

（4）在测试过程中，应该在最短时间内识别出达不到项目要求或无培养价值的标注人员，如果可行，则建议采取自动化评价方式，将不合格的标注人员尽快淘汰或给他们安排合适的项目岗位。

（5）在集中培训后，标注项目实施过程中，应该在关键节点对标注人员进行针对性培训，这些节点包括但不限于规范变更、发现普遍易错点、探索更有效的实施方式、分享项目实施经验或窍门等。

（6）针对标注项目，所有培训活动应该留有记录，以便为后续同类项目培训和项目实施、总结提供依据。

综合来说，标注项目培训是一个与常规培训相同却又不同的活动。从整体上来看，其遵循的是常规培训的道理，但在行事方式上又有一些违背培训原则之处，这主要是由其所对应的项目目标来决定的。在培训活动中，我们既要遵循这些寻常的道理，又要尊重这些差异，只有这样才能在保证培训效率的同时保证培训效果。

2.7 实训习题

随堂练习1：在标注流程中，常见的"技术赋能"操作有模型辅助、数据预处理、埋雷。（　　）

✏️ **随堂练习2**：在标注流程中，环节越多证明流程越完善，项目流程已成熟，无限复制即可。（   ）

✏️ **随堂练习3**：需求分析是一个比较复杂的过程，大致可以分为4个阶段：问题识别阶段、分析与综合阶段、需求梳理阶段、需求验证阶段。（   ）

✏️ **随堂练习4**：需求验证是整个标注项目的核心环节，也是检验整个标注流程设计是否成功的最重要步骤。（   ）

✏️ **随堂练习5**：标注规范贯穿整个标注过程，主要以设计知识体系为主，标注规范内容是不可更改的。（   ）

✏️ **随堂练习6**：标注流程设计要将_____作为第一考虑因素。

✏️ **随堂练习7**：标注项目规划一般分为_____、_____、_____、_____4个阶段。

本章小结

本章对项目管理进行了全方位细致的讲解，其中包含项目规划设计、标注项目需求分析、标注流程设计、标注规范设计、标注系统设计及标注项目培训。

在项目规划设计中，从项目规划设计到项目具体实施的流程，再到规划内容的列举都进行了详细讲解。项目规划的内容应该放眼全局，主次矛盾均有所体现，充分发挥自身优势，合理规划项目设计。

在标注项目需求分析中，从项目需求是项目实施前不可或缺的部分引出需求在不同情况下，可以从多维度进行分类，从而将项目需求的复杂过程归纳总结为4个阶段，最后带入标注项目需求分析，从多角度呈现需求分析的根本意义。

在标注流程设计中，从基本流程的数据采集、数据清洗、数据标注到数据质检环节，再到标注实施的介绍，展现出标注流程的设计者需要具备周密的逻

辑思维，从而引出标注流程的基本设计原则。标注流程中常见关注点设计通过流程图来揭示每一环节的重要性。在标注流程设计中，想要技术有优势体现，可以通过完善流程，让技术在标注中更好地"赋能"。标注流程设计误区的警示及项目实施根据流程设计来有效跟踪，才能让标注流程设计发挥其价值。

在标注规范设计中，完美诠释标注规范是标注项目的根本。标注规范是一切的要求准则，无论从实施方角度，还是需求方角度，均是项目实施与合作有力的基点。设计标注规范是细节制定和技术架构，以及双向并行的科学逻辑产物。

在标注系统设计中，罗列出标注系统实质是标注工作实施物化的载体。标注系统不仅可以带来工作上的便利，也为未来拓宽标注业务的道路带来了无限可能。标注系统设计原则的4大性质，体现了标注系统功能极具精密性和逻辑性。标注系统前端操作的合理化能有效增加用户黏性；其后端技术的丰富化为标注工作带来了便捷性。在现有基础上，标注系统的智能化设计仍有更多的可能性。

在标注项目培训中，项目培训是项目实施前不可或缺的环节。培训的内容从初期的入门到实施过程中的强化，将标注项目的底层逻辑清晰地展现给项目人员。标注项目培训从率先确定培养需求和目标，到方案的制定和准备，再到具体开展培训，最后进行培训的复盘。其中，标注项目培训方案要具有灵活性，做好预案，出现问题及时调整，确保培训的进度及效率；标注项目培训方案制定的细节和注意事项不可脱离目标的根本，要严格按照标注项目的需求和目标来进行。

第 3 章

问句复述标注

生活中每个人的说话方式与习惯都各有不同,这在无形中给交流理解带来了障碍。为了能够准确地捕捉到说话者的核心意图,倾听者需要在内心将说话者的语言转换成自己习惯的说话方式,这一过程就是句子复述的过程。在机器学习过程中,复述是让机器更准确地理解用户话语和指令的有效途径之一。例如,在与家中智能音箱对话、车内智能座舱系统交互或通过网站检索内容时,具有复述或泛化能力的智能系统可以随时给出令用户满意的回应,而不受多样化表达的限制。此外,通过复述标注出的数据还可以用来构建完善的"自动问答系统",复述能力会直接影响自动问答系统的语言理解性能,从而影响用户体验。

3.1 认识问句复述

在学习问句复述标注之前,我们先来了解一下什么是问句复述。问句复述

是指重新表述问句。通常问句复述可以有正例复述，也可以有负例复述。正例复述是指用另一种说法来表达相同的语义，通常可以理解为一句话百样说。例如，"你开学了吗？"这样一句话，我们也可以用不同的方式将其表述为"你的学校开始上课了吗？""你的学期假期结束了吗？""你进入新学期的学习生活了吗？"。

负例复述是指用相似的表达方式来表述不同的语义。例如，"你开学了吗？"这句话，我们同样可以做出对应的负例表述"你准备开学的物品了吗？""你为开学做好准备了吗？"。

3.1.1 问句复述的意义

问句复述是自然语言中极其常见的任务，其核心作用并非将问句改写成其他形式，更多的是避免了因用户表述不规范而导致的机器理解障碍。解决了这一问题，智能系统对问句的理解和处理才能更准确，因此也可以说，问句复述对提升智能系统的效果有着重要意义，同时对提高用户检索的成功率更是功不可没。

3.1.2 问句复述中需要明确的概念

要想更好地理解问句复述任务，我们要先明确什么是种子问题。

种子问题是指问句复述所依据的原始问题，也可以理解为问句复述的所有结果都是以种子问题为基础产生的。对于问句复述来说，种子问题的质量更是同样重要。通常一个不符合要求的种子问题会导致标注人员在标注过程中难以理解和判断，这不仅会导致标注人员花费更多的精力和时间，更容易产生错误或歧义等。此外，大量不符合要求的种子问题及复述结果也无法准确地反映真实场景中的复述需求及效果，从而影响模型性能，甚至会误导或冒犯用户，导致用户对其失去信任。

种子问题的选取通常需要遵循以下标准。

（1）种子问题应该是完整、清晰和具体的，避免含糊不清或过于宽泛的表达。

举例：

[建议表达]：你最喜欢哪本小说？

[不建议表达]：你喜欢读书吗？

（2）种子问题应该是有意义和有价值的，避免无关紧要或无法回答的问题。

举例：

[建议表达]：疫苗接种对人体有什么副作用？

[不建议表达]：世界上最大的蚂蚁有多大？

（3）种子问题应该是符合语法和语言逻辑的，避免语病或自相矛盾的表达。

举例：

[建议表达]：你为什么选择了这份工作？

[不建议表达]：你怎么能不选择了这份工作？

（4）种子问题应该是符合常识和事实的，避免错误或虚假的信息。

举例：

[建议表达]：地球是圆的吗？

[不建议表达]：地球是方的吗？

（5）种子问题应该是尊重他人和文化的，避免冒犯或歧视的言论。

举例：

[建议表达]：你对 ** 国文化有什么看法？

[不建议表达]：你为什么喜欢那么低级的 ** 国文化？

3.2 问句复述标注实战

为了使学习者能够尽快理解标注目标，本节以较为基础的问句复述任务类型为例进行讲解。需要说明的是，本实战任务仅为了使学习者了解问句复述的基本操作步骤及方法，所以本规范仅代表当前实战任务的需求，并不能代表所有问句复述标注任务。针对特定场景下的任务需求，还需要根据实际情况进行安排和讨论。

3.2.1 问句复述标注规范

（一）任务目标

本次问句复述标注要求为每一个种子问题分别编写两个正例泛化与一个负例泛化的句子。

（二）具体说明

问句复述的过程也是一个泛化的过程。例如，给定一个问句 Q，我们可以将问句 Q 称为"种子问题"，需要制造一个与问句 Q 有某种关系的问句 A，我们通常称"问句 A 为泛化结果"，这样的标注过程被称为"泛化"。泛化任务通常有正例泛化和负例泛化之分，具体介绍如下。

（1）正例泛化：基于种子问题 Q，问句 A 和种子问题 Q 的语义相同但表述不同。

举例：

[种子问题 Q]：您叫什么名字？

[正例泛化 A]：怎么称呼您？／请问您尊姓大名？

（2）负例泛化：基于种子问题 Q，问句 A 和种子问题 Q 的领域相似但含义不同。

举例：

[种子问题 Q]：您叫什么名字？

[负例泛化 A]：您贵姓？／您名字的由来是什么呢？

（三）基本标注原则

1. 正例泛化

（1）正例泛化结果中不应该包含错别字、繁体字、英文。

举例：

[种子问题]：我的手机被我弄坏了，开不开机了，怎么办？

[高质量正例泛化]：我的手机被我搞坏了，怎么弄屏幕都不亮，有什么好办法能解决吗？

[低质量正例泛化]：我的手记被我搞坏了，怎么弄屏幕都不亮，有什么好办法能解决吗？

（2）正例泛化结果必须为疑问句。

[种子问题]：没必要安装的手机应用软件有哪些？

[高质量正例泛化]：有哪些手机应用软件是没有安装价值的？

[低质量正例泛化]：请介绍一下有没有必要安装的手机应用软件？

（3）正例泛化后的问句应该尽量避免词语上的重排序。

[种子问题]：新车免费上门保养的项目有哪些？

[高质量正例泛化]：新车无偿到家保养的服务都包含什么项目？

[低质量正例泛化]：新车有哪些免费上门保养的项目？

总结：

正例泛化结果要与种子问题有较高相似性、多样性，且符合语法规范，表述清晰、自然，具体表现如下。

- 语义相似度：表述语义尽量一致。
- 表达多样性：表达方式尽量不同。
- 语法合理性：表述内容符合中文语法基本规范。
- 表达自然性：表述内容符合当下语言环境。

2. 负例泛化

（1）负例泛化结果中不应该包含错别字、繁体字、英文。

（2）负例泛化结果应该为疑问句。

（3）负例泛化结果避免单纯地更换问题类型。

举例：

[种子问题]：没有用的手机应用软件有哪些？

[高质量负例泛化]：安装手机应用软件需要注意哪些问题？

[低质量负例泛化]：手机里为什么会安装没有用的应用软件？

（4）避免仅更换人名、时间、地点、交通工具等实体。

举例：

[种子问题]：12月21日晚上还有没有去北京的火车票？

[高质量负例泛化]：12月21日晚上去北京的火车票，还有没有商务舱？

[低质量负例泛化]：12月18日晚上还有没有去武汉的飞机票？

（5）避免仅添加或减少一个否定词，构成一个反义句。

[种子问题]：没有用的手机应用软件有哪些？

[高质量负例泛化]：有哪些手机应用软件是不安全的？

[低质量负例泛化]：有用的手机应用软件有哪些？

总结：

负例泛化问句与种子问题在同一个领域、场景相似并且用词比较接近，但应该与种子问题的语义完全不同。

（四）注意事项

正例泛化容易出现以下几个问题。

（1）注意区分性质与程度相似但语义不相同的问句。

举例：

[种子问题]：在你们平台购买二手房，收不收中介费？

[高质量正例泛化]：在您这个网站购买二手房，要收取服务费？

[低质量正例泛化]：在您这个网站购买二手房，要收取多少服务费？

（2）避免概念上明显为包含，但非同义的语义关系。

举例：

[种子问题]：在集市买的东西回家发现质量有问题怎么办？

[高质量正例泛化]：赶集时买的商品回到家里发现质量不太好该咋整？

[低质量正例泛化]：从市场摊位买回来的水果发现有变质该怎么处理？

（3）避免过于依赖句中答案的蕴含表达。

举例：

[种子问题]：扑热息痛与沙坦类降压药同时服用是否会有不良反应？

[高质量正例泛化]：扑热息痛与沙坦类降压药一起吃有没有不好的临床表现？

[低质量正例泛化]：扑热息痛与沙坦类降压药同时服用，能不能行？

（五）系统使用

本实训任务通过数据标注实训平台完成。本规范仅对进入实训任务的步骤及具体的页面操作过程进行讲解。需要特别说明的是，此处所给出的标注页面内容仅作为说明使用，并不是实际训练中的任务内容。

本实训任务从登录系统后到一条任务完成的操作流程及步骤如下。

1. 进入任务实施页面

（1）进入实训练习页面。

当前实训平台已将该页面设置为学员端默认首页，因此登录系统后选择"高级数据标注"选项，即可进入实训练习页面，如图 3-1 所示。

图 3-1　实训练习页面

（2）进入问句复述标注任务列表页面。

进入实训练习页面后，单击页面上问句复述模块下的"进入学习"链接，如图 3-2 所示，进入问句复述标注任务列表页面。

图 3-2　单击"进入学习"链接

（3）进入问句复述标注实施页面。

在问句复述标注任务列表页面中，单击任意一个任务模块下的"进入学习"按钮，如图 3-3 所示，进入问句复述标注实施页面，如图 3-4 所示。

问句复述标注实施页面大致可以分为 3 个区：红色线框区为搜索引擎功能区，通过搜索引擎搜索种子问题得出的结果可以辅助正例泛化与负例泛化结果的填写（不可盲目复制搜索引擎的搜索结果，最终以规范为准）；蓝色线框区为正例泛化与负例泛化结果填写区，根据种子问题，对应填写结果即可；绿色线框区为任务列表区，用于显示待完成的所有题目。

图 3-3　单击"进入学习"按钮

图 3-4　问句复述标注实施页面

2. 标注页面操作详解

单击标签区下方的"保存"按钮来保存当前标注结果。"保存"按钮主要用于保存已经标注的部分结果,以确保标注中的结果不会丢失。单击"保存"按钮后,该按钮会变成橙色且提示保存成功,如图 3-5 所示。

图 3-5 问句复述标注操作及其保存效果

（1）提交。

单击"提交"按钮即可提交当前任务。单击"提交"按钮后，会呈现参考答案与作答结果对比页面，如图 3-6 所示。需要说明的是，此答案为参考答案，学习者可以按照参考答案进行修改。

图 3-6 参考答案与作答结果对比页面

（2）切换到下一题。

单击"提交"按钮后，可以单击参考答案与作答结果对比页面中的 × 按钮

手动切换到下一题。对于已提交的题目,不能再次修改。

(3)查看答案。

单击标注页面上方的"参考答案"链接可以查看参考答案。但如果当前题目的结果尚未提交,则不允许查看参考答案。

(4)查看标注规范。

单击标注页面上方的"规范文件预览"链接可以查看当前最新的完整标注规范,如图 3-7、图 3-8 所示。

图 3-7 单击"规范文件预览"链接

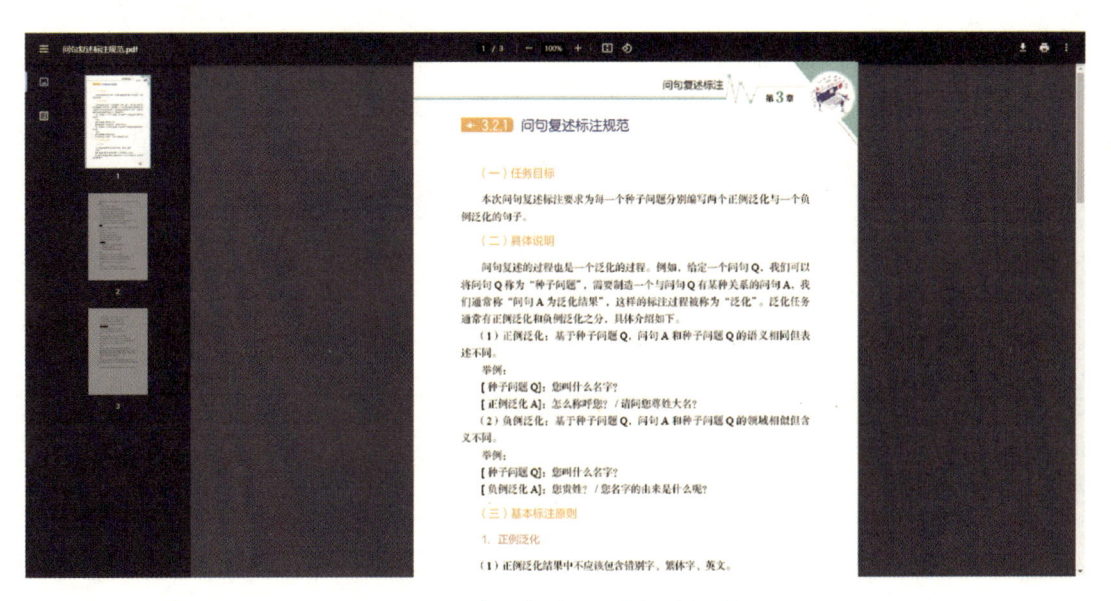

图 3-8 查看问句复述标注规范

（六）标注样例

图 3-9 所示为标注人员对问句复述标注的结果，仅供参考。

图 3-9　标注样例

3.2.2　案例分析

[种子问题]：孕妇一直想买的进口奶粉到底值不值得入手？

[正例泛化]：怀了宝宝的准妈妈"种草"很久的进口奶粉值不值得"拔"？

[负例泛化]：孕妇给即将出生的婴儿买奶粉需要注意什么？

解析：正例复述中"孕妇"这一抽象名词可以用"怀了宝宝的准妈妈"来解释。一直想买的东西而没买的东西＝种草、买东西＝拔草等属于流行词汇，鼓励类似表达。负例复述中"孕妇""奶粉"领域相同、用词接近、但与种子问题的语义不同。

3.3 实训习题

✏️ 随堂练习1：负例泛化结果中不可以出现错别字，但可以适当出现繁体字、英文。（　　）

✏️ 随堂练习2：我可以基于常识来转写正例泛化的句子。（　　）

✏️ 随堂练习3：以下对正例泛化表述错误的是（　　）。

A. 正例泛化结果必须为疑问句
B. 正例泛化的问句应该尽量避免词语上的重排序
C. 正例泛化表达方式应该尽量相同
D. 种子问题与正例泛化的问句中的名词可以相互解释

✏️ 随堂练习4：计划去旅游必须具备的几个条件是什么？

正例泛化：
负例泛化：

✏️ 随堂练习5：有哪些让你怦然心动的人或事？

正例泛化：
负例泛化：

本章小结

本章内容主要介绍了问句复述的概念、意义及标注实战，并对标注规范进行了详细分析。

问句复述大致分为两大类：正例泛化与负例泛化。无论使用哪类泛化，我

们先要理解种子问题的意图是什么？要表达什么含义？然后，根据句子意图进行提问。中文句子灵活多变，为了避免出现复述后的句子与种子问题重复度较高的情况，文中对提问方式进行了一定程度的规定与技巧提示。例如，在正例泛化中可以基于常识来转写正例泛化的句子；在负例泛化中避免仅添加或减少一个否定词。在问句复述的转写中，尽量根据高质量泛化例句特点及相关规范进行转写，减少出现错误转写的可能性。这样才能保证整体问句复述质量，从而提升模型的训练效果。

第 4 章

3D 点云标注

目前，3D 点云标注是在人工智能领域的自动驾驶场景下催生出的一种标注任务。本章主要介绍 3D 点云技术、3D 点云标注及 3D 点云标注实战。

4.1 认识 3D 点云

3D 点云标注在操作界面、标注形式、文件格式上具有自己的特点。为了更好地进行 3D 点云标注，我们在了解 3D 点云标注之前先要了解什么是 3D 点云。

4.1.1 什么是 3D 点云

3D 点云可以认为是点云数据在三维坐标系统上的可视化表现形式。一组点云数据（在一个三维坐标系统中的一组向量）是 3D 点云中的最小单位。

点云数据一般通过激光雷达、双目相机、深度相机等工具获取。以雷达获取点云数据为例，激光雷达每发射并接收一次信号，便可采集一个点的数据，所以我们经常看到测试无人驾驶技术的道路中有很多测试车辆配有雷达装置，这些车辆就是点云的采集车，用来实时采集交通点云数据。点云数据具有高维度、高精度、高分辨率等特点。

4.1.2 3D 点云的常见应用领域

3D 点云在自动驾驶、医学、虚拟现实、地理信息系统和建筑设计等领域都具有广泛的应用。

1. 自动驾驶

自动驾驶技术是一项系统工程，主要的决策原理是基于环境感知技术，先通过激光雷达、毫米波雷达、摄像头等传感器对车辆周围环境进行感知，再通过计算机视觉、深度学习等技术对感知到的信息进行处理，判断车辆所处的位置、速度、方向等信息，并根据感知到的信息规划出目标轨迹。

经过标注或信息耦合的 3D 点云数据能够帮助 AI 更加准确地进行车辆识别、行人识别、障碍物识别、道路识别等工作，甚至能够真正地达到无人驾驶的目的。

2. 医学影像

3D 点云可以应用于医学成像，将 CT、MRI 等影像数据重建为 3D 点云数据，使影像可以更加准确、精细，为诊断和治疗提供依据。3D 点云还可以应用于医学 3D 打印，将点云数据转换为 3D 打印模型，帮助医生更好地进行医学模型的制作和试验。3D 点云还可以应用于手术规划，通过获取手术病灶区域的点云数据，医生可以更好地了解手术病灶区域的结构和特征，从而制订更精确的手术规划。

3. 虚拟现实

虚拟现实（VR）是一种用于创建和体验虚拟世界的计算机仿真系统。它

利用计算机生成一种模拟环境，使用户沉浸其中。用户的视觉、听觉和触觉可以通过头盔、手套、控制器等设备相互配合实现。

3D点云在其中也发挥着重要作用。例如，我们可以通过3D点云数据对色彩进行校正、纹理映射等处理，来增强虚拟场景的视觉效果与逼真感；也可以利用3D点云数据实现对大规模场景的拼接。通过将不同的点云数据进行拼接，可以构建出更加真实和细致的场景，从而增强用户的视觉体验等。

4. 地理信息系统

地理信息系统（GIS）是一种用于表达、管理、分析和解释地理空间数据的计算机系统。GIS通过地理空间数据的采集、存储、管理、分析和可视化，帮助用户发现地理空间信息的关联性和规律性，从而支持空间决策和规划。

3D点云在GIS中具有广泛的应用。以下是3D点云在GIS中的具体应用。

（1）信息获取：3D点云数据可以通过各种传感器采集，通过GIS软件进行处理和分析后，提取出有价值的信息，如地貌、地形、植被等信息。

（2）空间分析和可视化：GIS可以通过对3D点云数据的分析和处理，提取出各种空间信息，如点云之间的距离、方向、密度等信息，并通过可视化的方式呈现出来，帮助用户更好地理解和分析场地信息。

（3）目标识别和跟踪：GIS可以通过对3D点云数据的处理和分析，对特定的目标进行识别和跟踪，如人、车、其他物体等。这对空中交通管制、安全监控、环境监测等方面具有重要的应用价值。

（4）三维模型重建和可视化：GIS通过对3D点云数据的处理和分析，重建出真实世界的三维模型，并通过可视化的方式呈现出来；其应用领域非常广泛，如智慧园区、智能制造、智慧消防等工程化项目。

（5）空间监测和预警：GIS通过对3D点云数据的处理和分析，实现对场地范围内的空气质量、水质、噪声等环境因素的监测和预警，为环境保护工作提供数据支持和技术保障。

5. 建筑设计

在建筑设计中，利用3D点云数据可以为用户提供身临其境的建筑观赏、家具模型的体验；也可以模拟施工过程等各个阶段，帮助建筑设计师更好地展示建筑的空间结构与外观细节，提升设计效果与施工效率。

4.1.3 3D 点云相关研究内容

3D 点云具体的研究工作包括以下方面。

（1）3D 点云匹配：在两个或多个 3D 点云之间找到相似的点，通常应用于图像匹配、目标跟踪等方面。这是 3D 点云应用中的一个关键问题。例如，车辆对自动驾驶中的环境感知和物体识别。

（2）3D 点云配准：将多个点云数据集成到一个共同的全局坐标系中，以便进行相互比较和分析；它在虚拟现实和游戏领域具有广泛的应用。例如，在虚拟现实中，通过 3D 点云配准将虚拟场景中的物体放置在正确的位置，从而提升用户的沉浸式体验。

（3）3D 点云语义分割：可以帮助车辆识别道路上的行人、车辆、障碍物等一系列交通参与者。利用该技术可以将 3D 点云数据分割成不同的区域，并为每个区域分配不同的语义标签，从而使车辆能够识别出不同的物体，并根据其类型进行相应的处理。

（4）3D 点云表面重建：从 3D 点云数据中重建的表面模型常用于创建可视化效果，如山地地形图、城市街道图等。常用的 3D 点云表面重建包括基于图形的重建和基于体素的重建等。

（5）3D 点云目标识别：3D 点云目标识别是指从 3D 点云数据中识别出特定的物体或对象。该技术常应用于自动驾驶安全监控、无人机航拍等方面。常用的 3D 点云识别包括基于特征的识别和基于深度学习的识别等。

4.2 什么是 3D 点云标注

上文已经介绍了什么是 3D 点云，下面继续介绍什么是 3D 点云标注，以及 3D 点云标注与 3D 点云的关系。

3D 点云标注是指在获取到的 3D 点云数据上，根据一定的标注规范，对 3D 点云中的每个点进行标注，包括标注点的类型、位置、大小、形状、颜色

等信息，以便后续分析与应用。3D 点云数据是采集而来的原始数据，我们要将它最大化利用，就需要将其标注为 3D 点云训练数据集，供 AI 模型进行训练并应用。

3D 点云标注是细分点云标注的统称。为了解决不同情况的问题，我们就要进行不同的 3D 点云标注任务，常见的任务类型如下。

1. 3D 纯点云拉框标注

3D 纯点云拉框标注是在点云空间中对符合规范要求的点云区域拉出对应标签的 3D 立体框（以下简称 3D 框），标签类别为人、车、障碍物等，一般会要求车辆标签具有行驶方向。目前，行业内的 3D 点云标注平台已经可以自动贴合框选区域生成 3D 框，标注人员微调即可。这样操作可以大幅度提升标注效率。这种标注任务主要用于解决点云识别的问题，技术人员通过标注人员的标注结果从 3D 点云数据中提取出特定的信息或特征，以便后续分析与应用，如图 4-1 所示。

图 4-1　3D 纯点云拉框标注

2. 2D 图像与 3D 点云联合标注

在 3D 纯点云拉框标注的基础上，增加了 2D 图像与 3D 点云联合标注，能够更加准确判断点云图中的物体类型、被遮挡部分大小，在点云空间上拉出立体框的同时，2D 图像也会在对应区域生成 2D 矩形框（以下简称 2D 框），2D 框与 3D 框之间是联动耦合的，当调整一方时，另一方也会自动进行调整。这种标注方式可以增强标注的准确性，如图 4-2 所示。

图 4-2　2D 图像与 3D 点云联合标注

3. 3D 点云语义分割标注

3D 点云语义分割标注可以作为 3D 纯点云拉框标注的进阶版本，将点云中每个点上色后分配到不同的语义标签中。一般的标注工具有 3D 框、刷笔、多边形标注框等。3D 点云语义分割标注可以提供更加精确的空间信息，对环境的感知更为精准。

4. 3D 点云连续帧标注

3D 点云连续帧标注在上述标注任务的基础上增加了连续帧，通过 3D 点云图在视频场景中精准描绘出需要标注对象的形状、位置、运动轨迹等信息，可以对 3D 点云数据中目标物体的每一帧图像进行连续标注，从而获得该目标物体的运动轨迹。连续帧的 3D 点云数据通常用于实时监测和处理运动对象。

5. 3D 点云耦合标注

3D 点云耦合标注是指点云图不再是一帧静止的点云图，而是在一定时间内运动对象的带状运动轨迹。我们可以通过调整运动对象的带状点云让云点形状符合静止时对象的实际形状，此时的参数为运动对象的实际参数。我们通过

将 3D 点云数据与车辆的位置、速度、加速度等信息进行关联，可以帮助车辆的自动驾驶系统更好地了解车辆状态和周围环境，从而更好地进行自主决策和控制。

由于点云数据的维度丰富，能够蕴含更多的信息（如位置、尺度、几何形状等），因此在自动驾驶方面的数据价值要比 2D 图像更具有优势，经过训练可以使车辆更好地感知周边的道路状况。

4.3 3D 点云标注实战

为了使学习者能够尽快理解标注目标，本节以较为基础的 3D 点云标注任务类型为例进行讲解。需要说明的是，本实战任务仅是为了使学习者了解 3D 点云的基本操作步骤及方法，所以本规范仅代表当前实战任务的需求，并不能代表所有 3D 点云标注任务。针对特定场景下的任务需求，还需要根据实际情况进行安排和讨论。

4.3.1 3D 点云标注规范

（一）任务目标

使用标签工具标注出点云图中的行人、骑行者（包括摩托车骑行者、自行车骑行者）、小型车（包括轿车、越野车、面包车等）、大型车（包括卡车、公交车、吊车、推土车、水泥运输车等）这 4 种要素，要求框与要素间方向一致、边缘贴合。

（二）具体说明

本 3D 点云标注任务需要标注行人、骑行者、小型车、大型车这 4 种要素。

1. 了解采集车位置

我们先要了解点云图中的采集车位置，如图 4-3 所示。

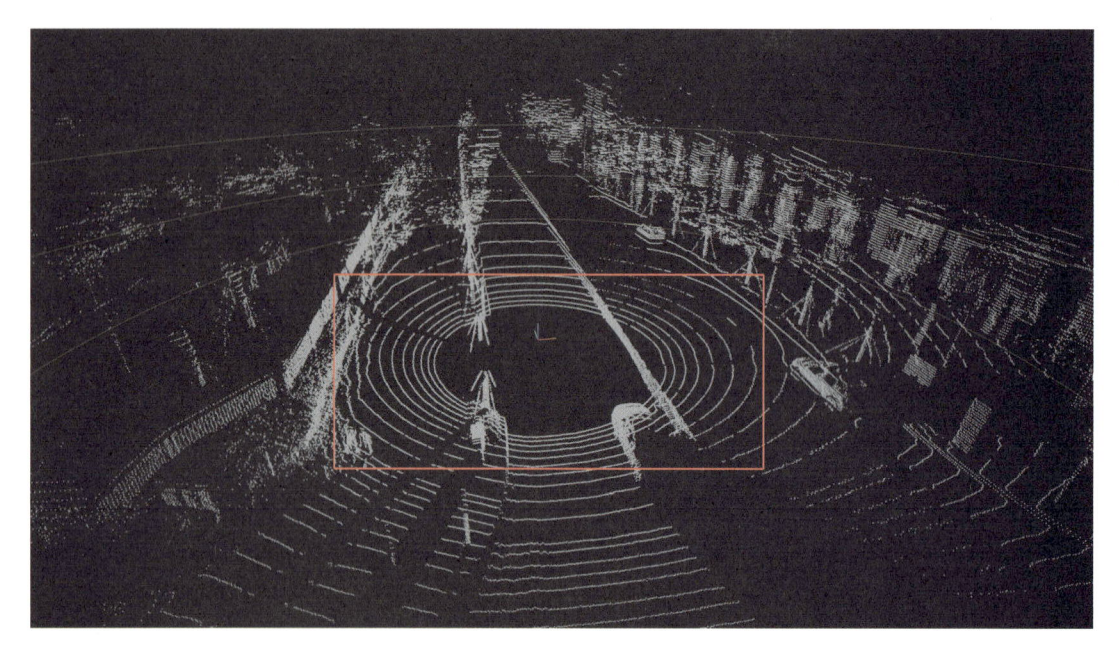

图 4-3　采集车位置

采集车位置一般是位于点云图中心明显的黑色区域，由于采集车不用探测自己，因此它的位置是没有点云的。

2. 判断车辆的行驶方向

根据点云图中车辆的车头朝向、人物姿态可以判断车辆的行驶方向。

3. 标注步骤

1）点云图视角调整说明

按画面中心旋转：单击点云图任意位置即可进行旋转。

平移点云图：按住鼠标右键拖曳点云图。

2）标注操作

（1）将视角调整到需要标注的要素正上方。

按住 Ctrl 的同时，单击鼠标左键拖曳出矩形框覆盖该要素，如图 4-4 所示。

（2）释放鼠标左键后，平台会自动识别点云并生成较贴合的 3D 框（后文简称 box）与该 box 的三视图，如图 4-5 所示。

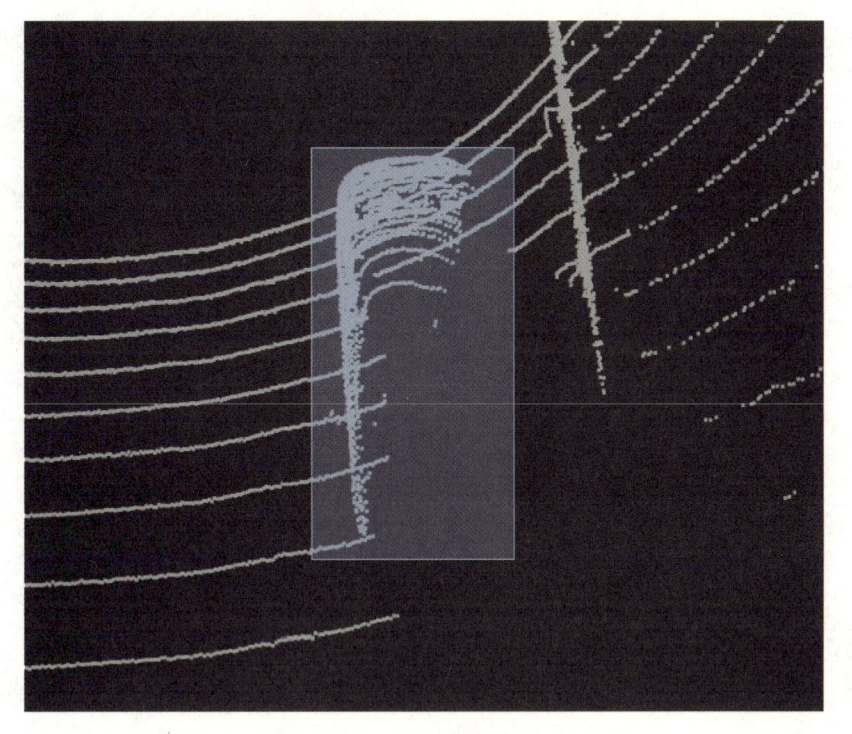

图 4-4 矩形框覆盖要素

图 4-5 标注后的界面效果

(3) 选择要素类型,如图 4-6 所示。

(4) 各三视图中的 2D 框均可以使用鼠标左键调整长和宽。以正视图为例,2D 框顶部的中点位置还可以旋转 2D 框,可以使 box 匹配非水平的地平线,如图 4-7、图 4-8 所示。

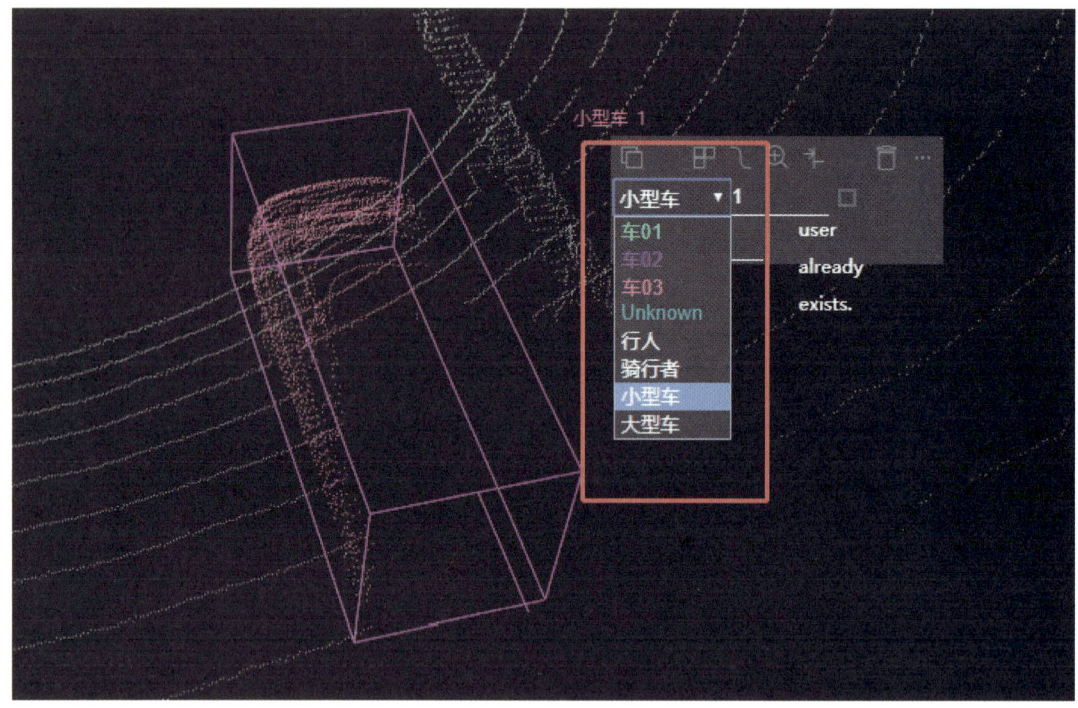

图 4-6　选择要素类型

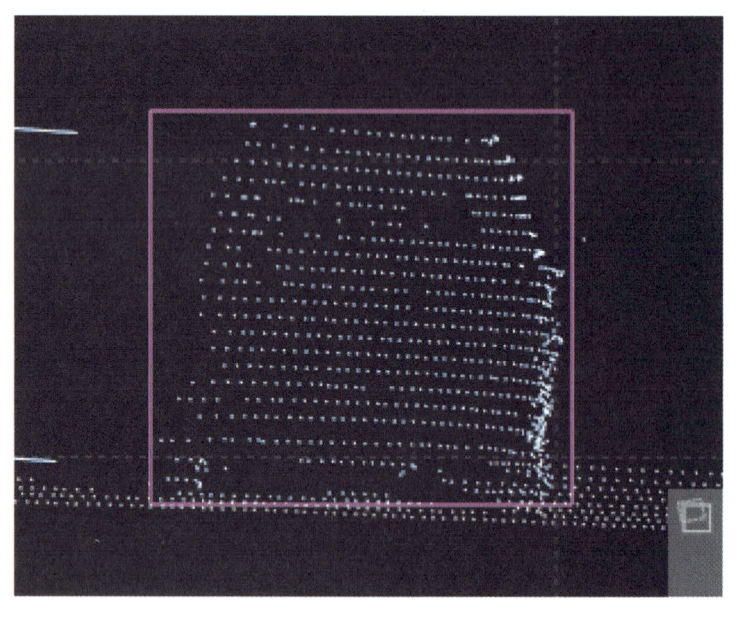

图 4-7　调整前的效果

（5）如图 4-9 所示，右上角红色标注区域数字依次代表框的长、宽、高等参数。脑补尺寸的预估大小要根据此参数调整。

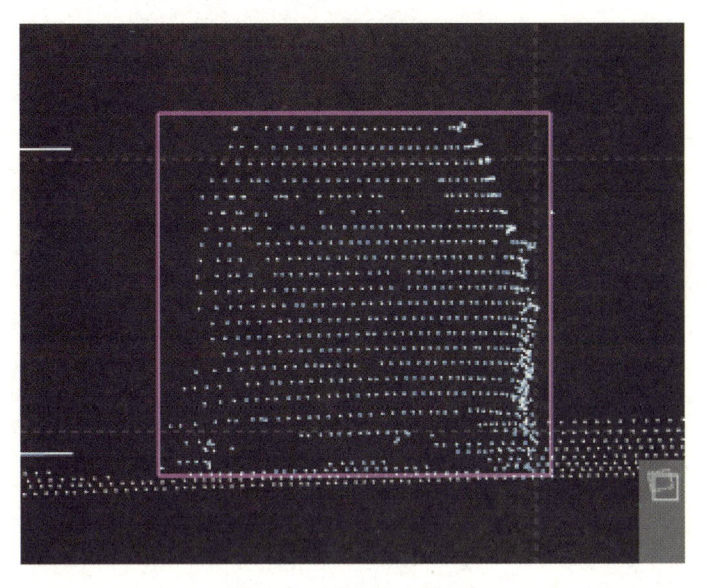

图 4-8　调整后的效果

图 4-9　3D 框的长、宽、高参数

（6）根据车头朝向，按 G 键调整 box 方向（box 上延伸出的线段方向就是默认的行驶方向）。

（7）其他快捷键及其功能说明如表 4-1、表 4-2 所示。

表 4-1　主视图中的快捷键及其功能说明

主视图模式（当未选中任意 box 时）	
快　捷　键	功　能　说　明
1 键	前一个 box
2 键	后一个 box
P 键	截屏
+/= 键	放大点云
－ 键	缩小点云

表 4-2　调整 box 时的快捷键及其功能说明

当选中任意 box 时	
快　捷　键	功　能　说　明
Delete 键	删除选择的 box
A 键	左移
S 键	下移
D 键	右移
W 键	上移
Q 键	逆时针旋转
E 键	顺时针旋转
R 键	逆时针旋转的同时自动调整 box 大小
F 键	顺时针选择的同时自动调整 box 大小
G 键	反向
按住 Ctrl 的同时，单击鼠标左键拖曳 box	自动收缩 box
按住 Shift 的同时，单击鼠标左键拖曳 box	会移动 box 但保持 box 大小不变

（三）基本标注原则

（1）每个要素被遗漏的点云数量不宜超过 3 个，如图 4-10 所示。

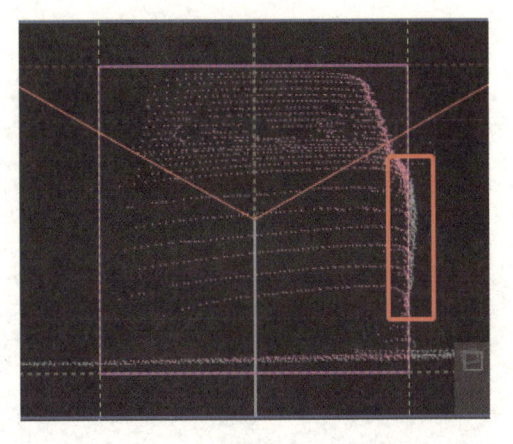

图 4-10　遗漏点云数量

（2）3D 框方向要与要素的行驶方向一致，如图 4-11 所示。

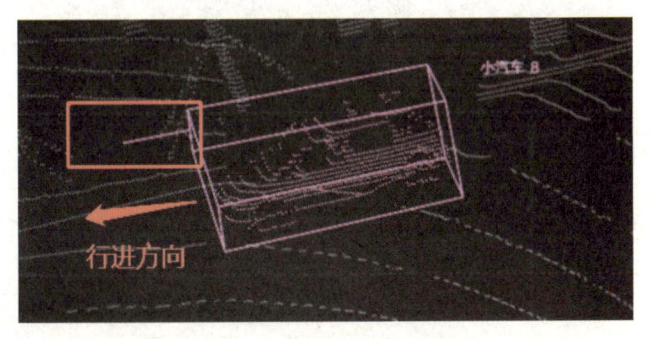

图 4-11　3D 框方向要与要素的行驶方向一致

（3）不能遗漏点云中的要素，这里遗漏了行人，如图 4-12 所示。

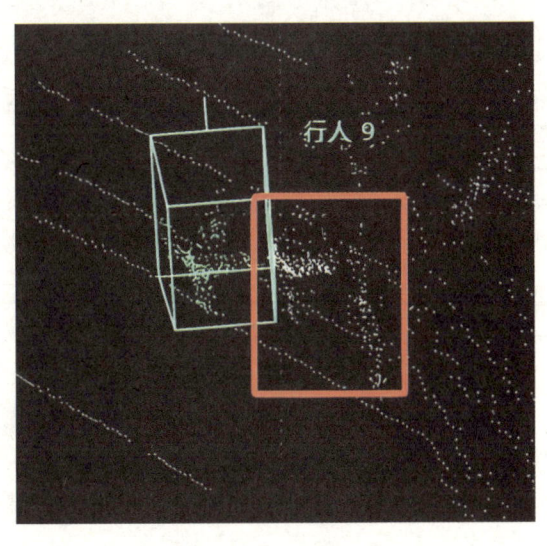

图 4-12　遗漏行人

（4）需要分清要素与地平线的分界，如图 4-13 所示。

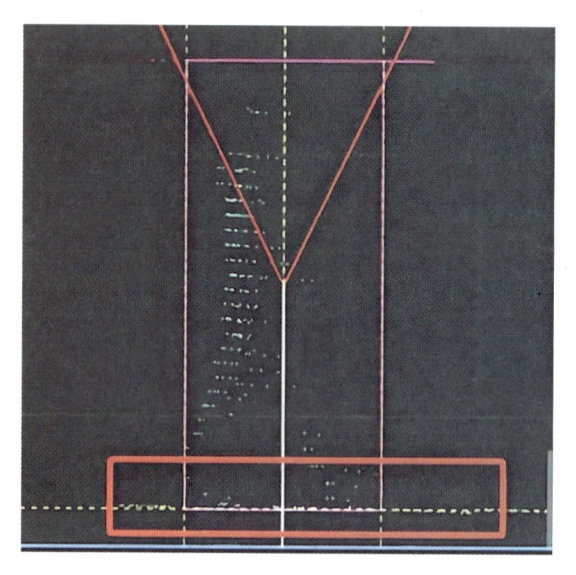

图 4-13　分清要素与地平线的分界

（5）由于雷达只能扫清靠近雷达一侧的方向，如果另一侧没有点云，则需要根据给定的车辆类型大小进行脑补，对于行人及骑行者则适当脑补即可，如表 4-3、图 4-14 所示。

表 4-3　车型大小

类　型	高	宽	长
大型车（包括卡车、公交车、吊车、推土车、水泥运输车等）	2 米～4.5 米	1.9 米～3 米	4.5 米～18 米
小型车（包括轿车、越野车、面包车等）	1.5 米～2.5 米	1.5 米～2.3 米	3.2 米～5.6 米

（6）标注大型车及小型车，只标注钢体车身，不用标注后视镜、卡车满载冒出的部分。

（7）不用标注三轮车。

（四）注意事项

（1）在标注骑行者时需要将车的主体（含车把，不含后视镜及超出车身的货物）及骑行者全部包括。

图 4-14　正视图、侧视图、俯视图需要脑补

（2）骑行者包括三轮车骑行者。
（3）点云图中未明显展示的要素形体可以不用标注，如图 4-15 所示。

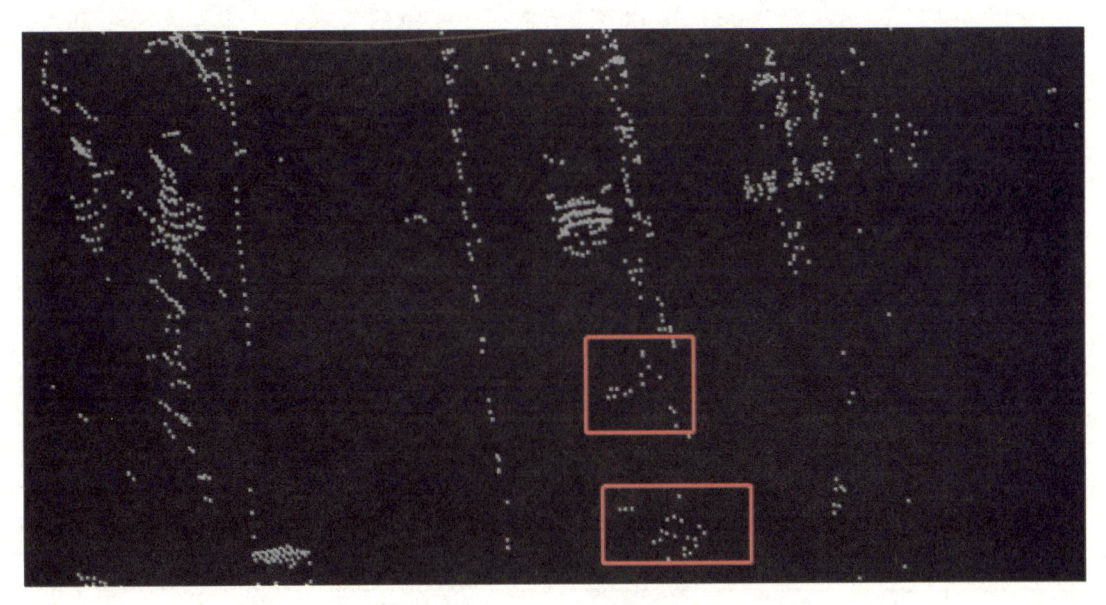

图 4-15　不用标注点云中未见明显展示的要素形体

（4）只要点云可以构筑大体形状，能够辨别出要素种类时都必须标注，如图 4-16 所示。

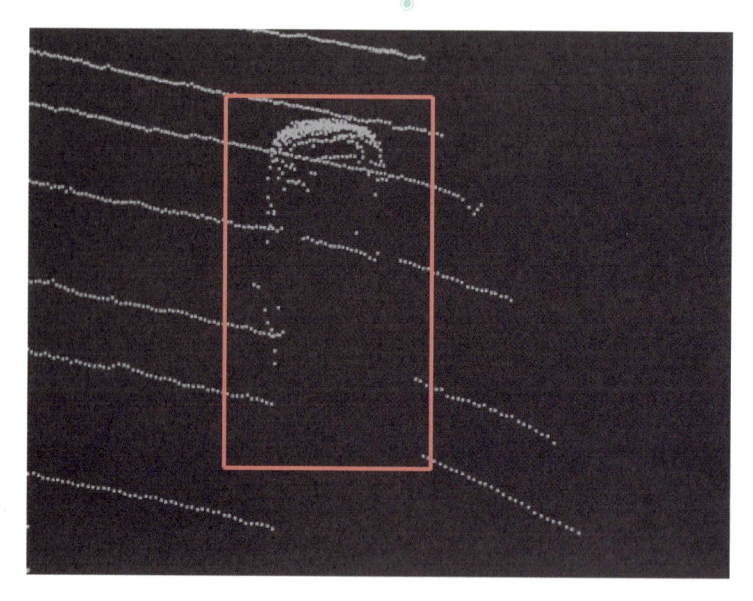

图 4-16　能辨别的要素种类需要标注

（五）系统使用

本实训任务通过数据标注实训平台完成。本规范仅对进入实训任务的步骤及具体的页面操作过程进行讲解。

本实训任务从登录系统后到一条任务完成的操作流程及步骤如下。

1. 进入任务实施页面

（1）进入实训练习页面。

当前实训平台已将该页面设置为学员端默认首页，因此登录系统后选择"高级数据标注"选项，即可自动进入实训练习页面，如图 4-17 所示。

图 4-17　实训练习页面

（2）进入 3D 点云任务列表页面。

进入实训练习页面后，单击页面上 3D 点云模块下的"进入学习"链接，

如图 4-18 所示，进入 3D 点云任务列表页面。

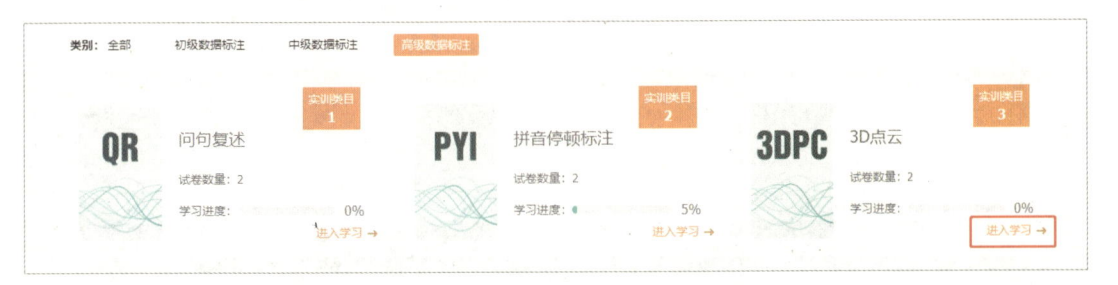

图 4-18　单击"进入学习"链接

（3）进入 3D 点云标注实施页面。

在 3D 点云任务列表页面中，单击任意一个任务模块下的"进入学习"按钮，如图 4-19 所示，进入 3D 点云标注实施页面，如图 4-20 所示。

图 4-19　单击"进入学习"按钮

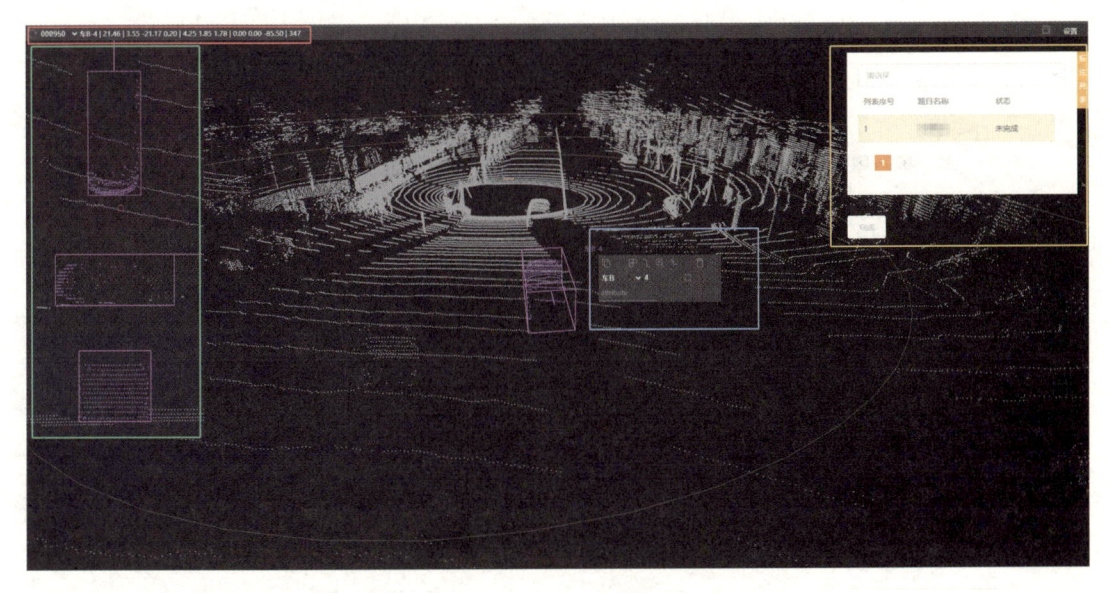

图 4-20　3D 点云标注实施页面

3D 点云标注实施页面大致可以分为 4 个区：红色线框的参数区用于展示 box 的长、宽、高、坐标信息等；绿色线框为三视图调整区；蓝色线框为 box 属性选择区；黄色线框为标注列表选择区。

在标注列表选择区中，我们可以通过单击标注列表按钮来隐藏标注列表，如图 4-21 所示。

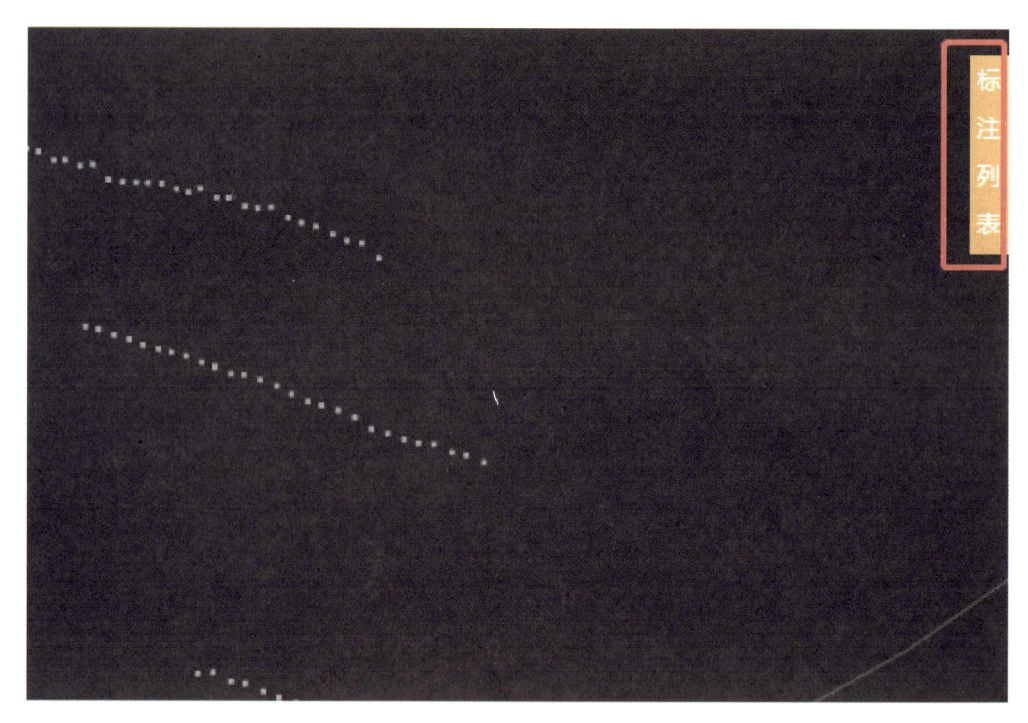

图 4-21　隐藏标注列表

2. 标注页面操作详解

在本任务中，如果想要针对一个题完成标注操作，则需要用到以下按钮和步骤，按顺序说明如下。

（1）标注任务领取。

在本系统中，打开 3D 点云标注实施页面后，会默认加载第一条题目，因此不需要额外做任务领取操作，此时右侧列表中的第一条题目会默认呈选中状态，如图 4-22 所示。

（2）提交。

单击"完成"按钮即可提交当前任务，如图 4-23 所示。

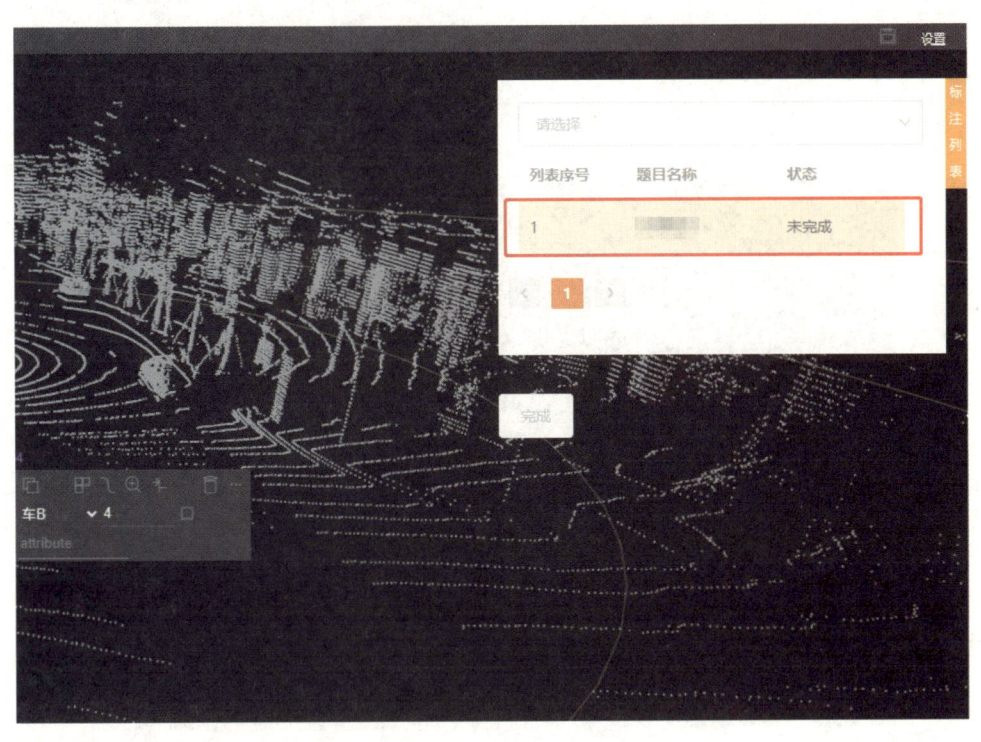

图 4-22　默认加载第一条题目

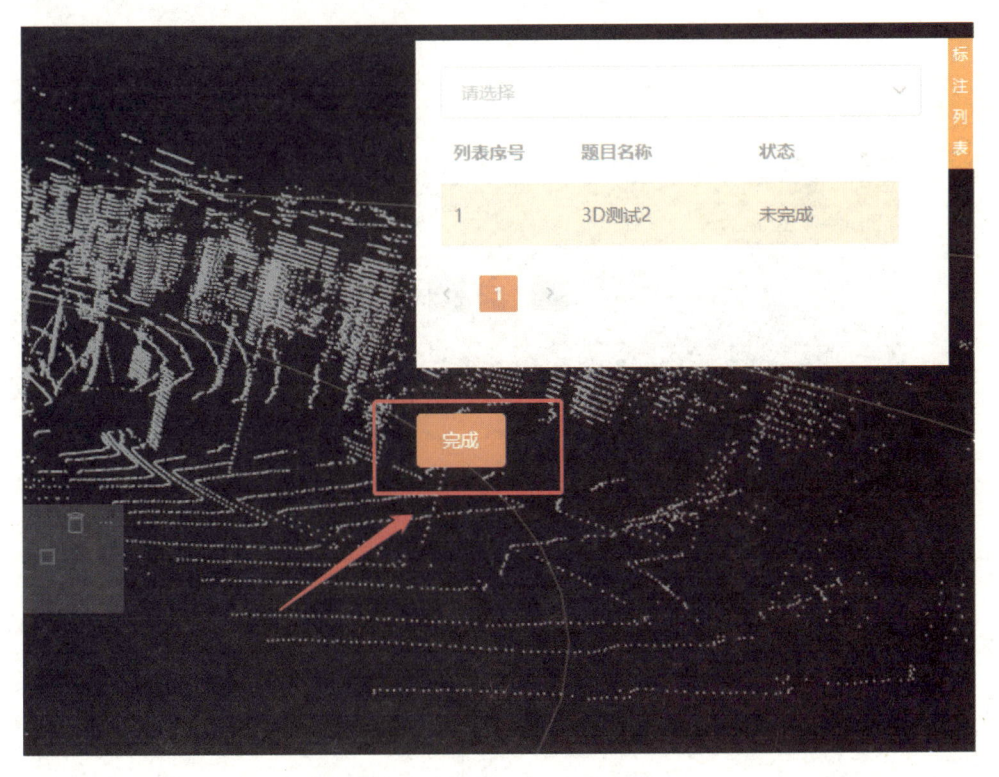

图 4-23　单击"完成"按钮

3. 3D 点云系统设置

单击平台右上角"设置"按钮,可以对系统进行相关设置,如图 4-24 所示。

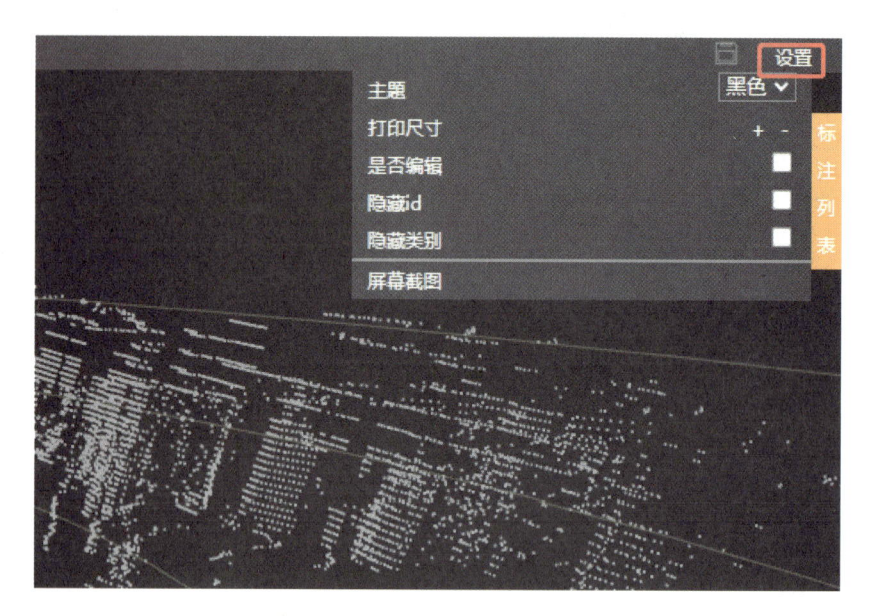

图 4-24 单击"设置"按钮

(1)主题。

本系统提供了黑色与白色两种主题,如图 4-25 所示。

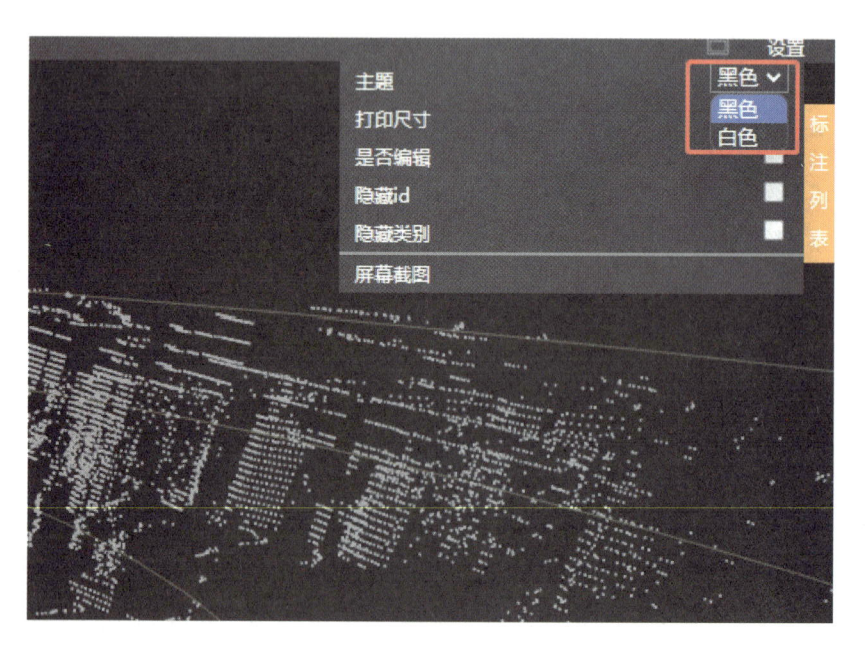

图 4-25 提供的黑色与白色主题

前面所使用图例均为黑色主题，如图 4-26 所示为白色主题样式。

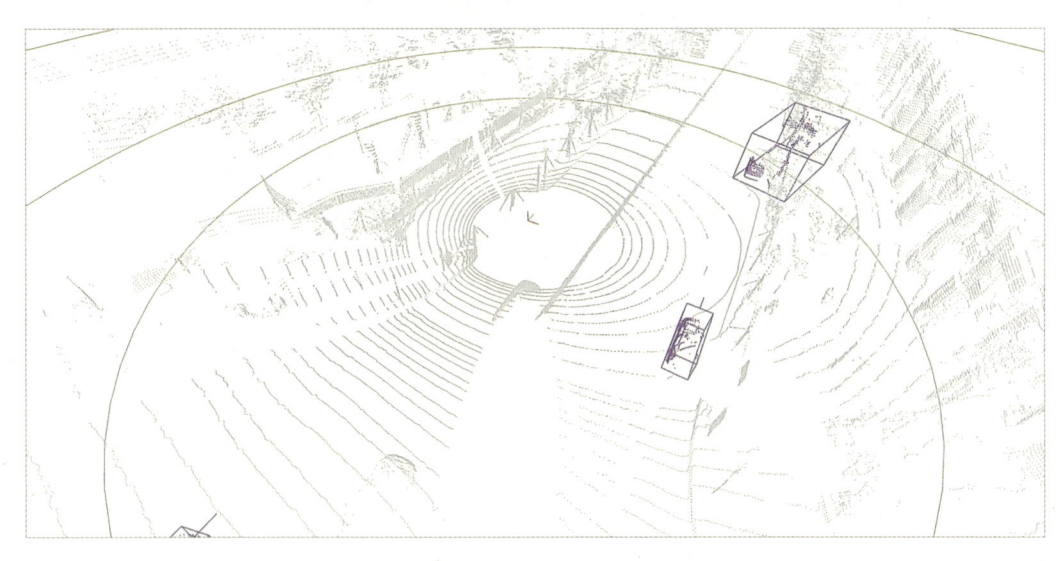

图 4-26　白色主题样式

（2）打印尺寸。

如图 4-27 所示，打印尺寸按钮主要用于调整单个点云的大小。调整打印尺寸的前后对比效果如图 4-28 所示。

图 4-27　打印尺寸按钮

（a）增大打印尺寸的效果　　　　　　　（b）减小打印尺寸的效果

图 4-28　调整打印尺寸的前后对比效果

（3）是否编辑。

如图 4-29 所示，"是否编辑"复选框用于控制长方体框体的显示与隐藏。勾选"是否编辑"复选框的前后对比效果，如图 4-30 所示。

图 4-29　"是否编辑"复选框

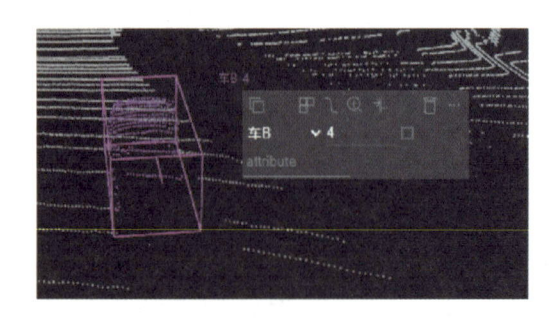

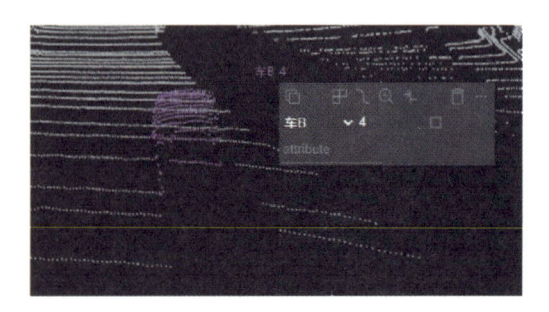

（a）勾选"是否编辑"复选框前的效果　　　　　　　（b）勾选"是否编辑"复选框后的效果

图 4-30　勾选"是否编辑"复选框的前后对比效果

（4）隐藏 id。

如图 4-31 所示，"隐藏 id"复选框用于控制该要素 id 的显示与隐藏。勾选"隐藏 id"复选框的前后对比效果如图 4-32 所示。

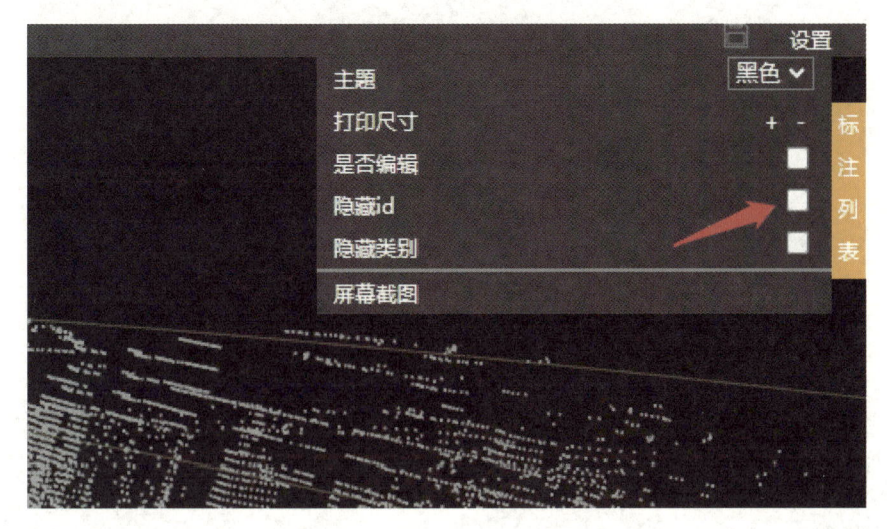

图 4-31　"隐藏 id"复选框

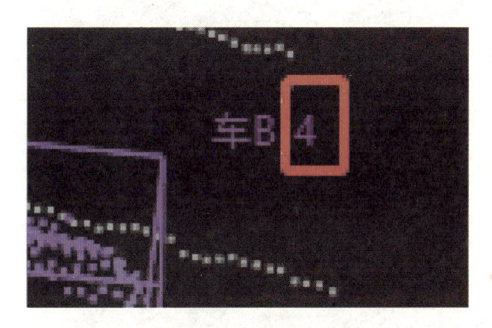

（a）勾选"隐藏id"复选框前的效果　　（b）勾选"隐藏id"复选框后的效果

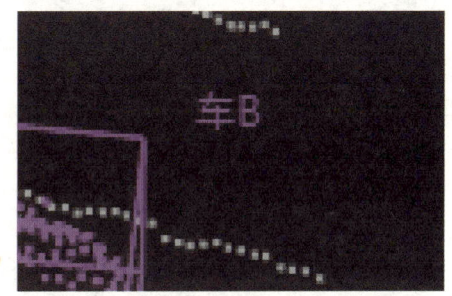

图 4-32　勾选"隐藏 id"复选框的前后对比效果

（5）隐藏类别。

如图 4-33 所示，"隐藏类别"复选框用于控制该要素类别的显示与隐藏。勾选"隐藏类别"复选框的前后对比效果如图 4-34 所示。

（6）屏幕截图。

本系统带有屏幕截图功能，选择"屏幕截图"选项，如图 4-35 所示，即可对当前标注界面截图。屏幕截图样例如图 4-36 所示。

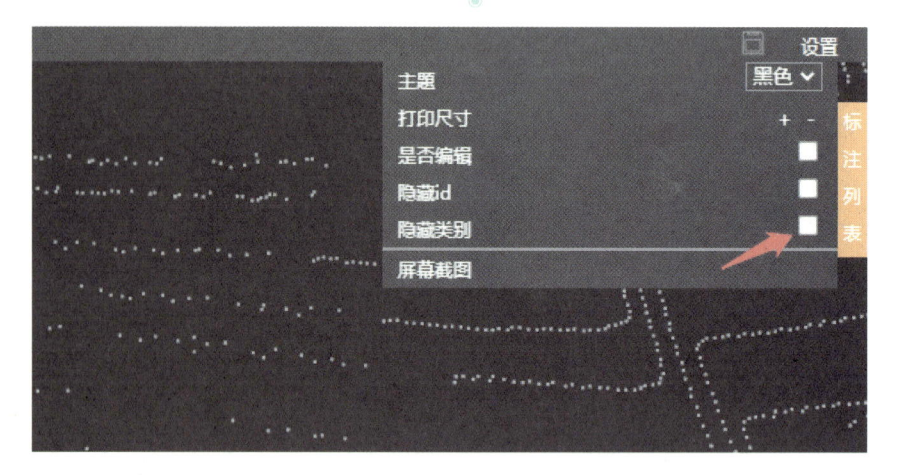

图 4-33 "隐藏类别"复选框

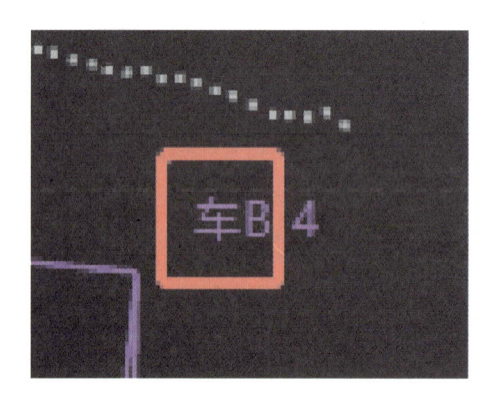

（a）勾选"隐藏类别"复选框前的效果　　（b）勾选"隐藏类别"复选框后的效果

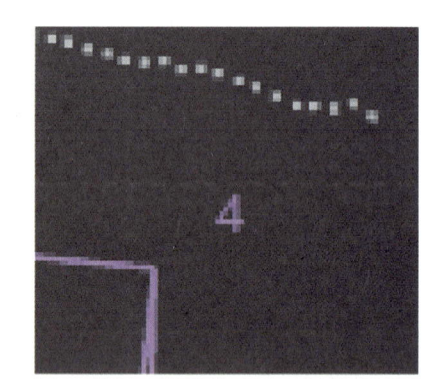

图 4-34 勾选"隐藏类别"复选框的前后对比效果

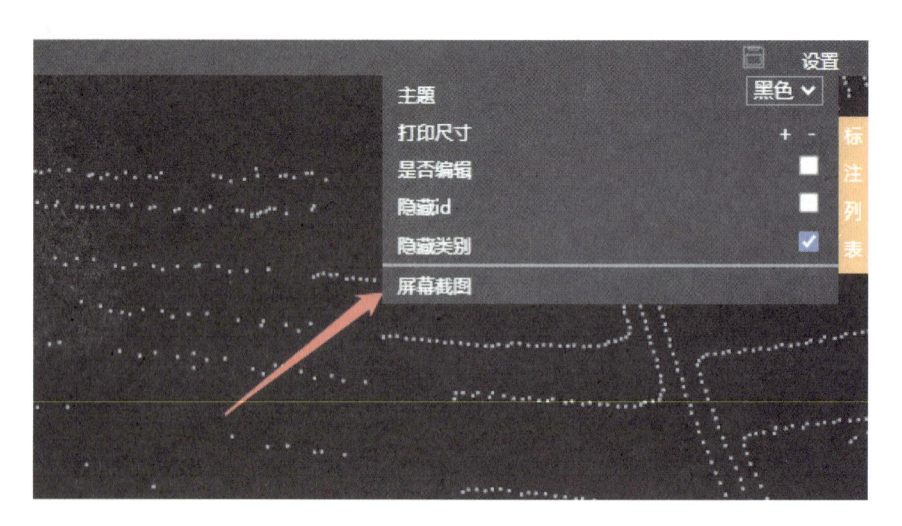

图 4-35 "屏幕截图"选项

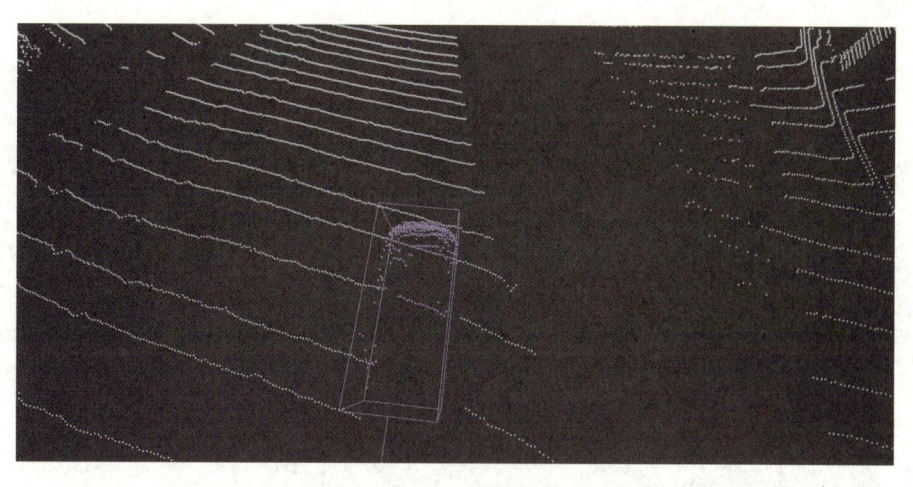

图 4-36　屏幕截图样例

(六) 标注样例

图 4-37 所示为按照本规范要求提供的样例，仅供参考。

图 4-37　标注样例

4.3.2　案例分析

本节以图 4-38 为例进行案例分析。

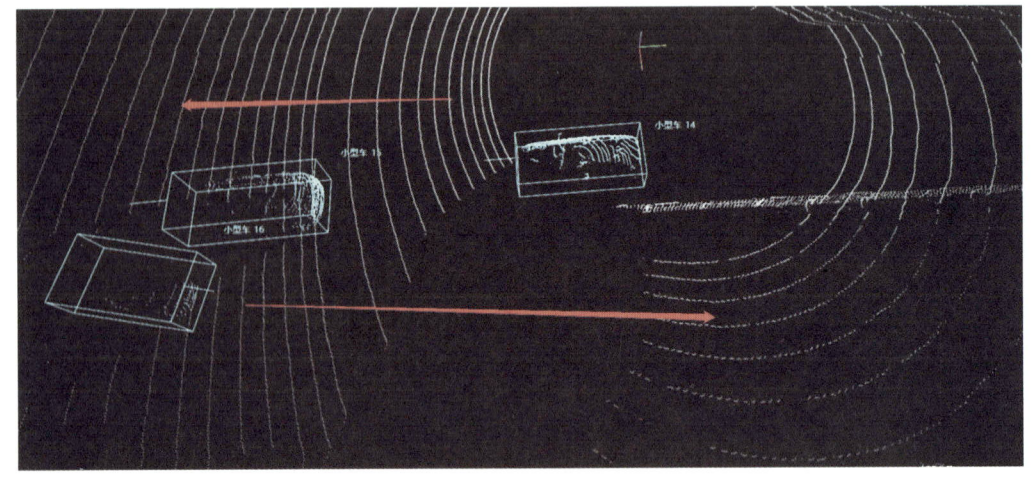

图 4-38　案例分析

解析：本案例的难点在于判断小型车 16 的朝向，根据采集车车道的小型车 14 与 15 判断，小型车 16 应是在避让小型车 15 的姿态，朝向相反，并且被遮挡部分较多，我们用小型车的大小范围来补足即可。

4.4　实训习题

随堂练习 1： 在标注小型车时，后视镜也需要标注。（　　）

随堂练习 2： 点云图中未明显展示要素形体可不用标注。（　　）

随堂练习 3： 标注时需要考虑行驶方向。（　　）

随堂练习 4： 本规范要求标注哪几个要素？

随堂练习 5： 每个要素被遗漏的点云数量不宜超过 ＿＿＿＿＿ 个。

本章小结

首先本章介绍了 3D 点云的概念，了解了什么是 3D 点云，才能更好地进行 3D 点云标注；其次介绍了 3D 点云常见的应用领域，如自动驾驶、医学影像等，以及 3D 点云的未来发展前景；再次介绍了 3D 点云标注与 3D 点云之间的关系；最后介绍了 3D 点云的标注规范与案例分析。

总体来说，3D 点云是计算机视觉在环境感知、目标检测等方面重要的技术。未来在智慧物流、智慧交通、智慧农业、智慧医疗等方面，3D 点云的发展与应用前景将会更加广阔。

第 5 章

语音合成——拼音停顿标注

拼音停顿标注是语音类标注的常见类型，对语音合成技术的落地起着十分重要的作用。本章将对语音合成标注进行系统的介绍。

5.1 认识语音合成及其相关标注类型

语音合成是语音智能的主要技术方向之一，目前也是人工智能领域较为成熟的技术，在诸多场景中都得到了广泛的应用。例如，个性化的明星导航，仿佛让我们离自己的偶像更近；又如，数字电台的智能播音不仅打破了 AI 与播音员的界限，而且激发了 AI 时代广播行业的无限可能。类似的场景，似乎使我们的生活充满了奇幻。与其他 AI 技术一样，语音合成技术的落地也遵循着人工智能技术的定律，即离不开数据标注。本节将详细介绍语音合成技术及其应用所需的数据标注类型。

5.1.1 语音合成技术

语音合成（TTS）技术与自动语音识别（ASR）的研究方向恰好相对。语音合成技术是将文字转化为语音的一种技术。这种技术类似于给机器安上了嘴巴，通过不同的音色、方式等说出想要表达的内容。

语音合成技术也有前后端之分。前端的主要任务是进行语音分析，也就是根据输入的文字信息进行分析，按照语言学的逻辑特点解决如何读的问题。常见的工作内容包括文本结构分析与语种判断、文本标准化判断、文本音素转换、句读韵律分析等。后端的主要任务是解决发声问题，也就是根据语音分析的结果生成对应的音频。语音合成的方式有多种，常见的有按照音节进行拼接；通过数学方法进行频谱特性参数建模，生成参数合成器；以及通过神经网络学习实现端到端的合成等。

语音合成技术虽看似简单且容易理解，但其也存在亟待攻关的技术难点。这些技术难点目前主要集中在情感表达、拟人及定制化等方面。通过日常可接触到的智能语音客服等场景不难发现，当前的语音合成机器人在情绪、停顿、气息、对话流畅度、定制声音等方面尚无法达到与真人一样自然、真实且听感舒适的程度。针对这些问题的攻坚克难，语音合成技术还有很长的路要走。

任何 AI 技术都有评价指标，语音合成也不例外。语音合成产品的评价主要包括效果和性能。效果，即与发音本身相关的特征情况。例如，音色、情绪、语气等。效果的评价通常以 mos 值为指标，这也是行业内普遍认可的方式。mos 值是指聘请业内专家，对合成的音频效果进行打分，分值范围为 1～5 分，通过平均计算得到最后的分数。语音合成产品效果的评价还可以通过 ABX 测评（合成效果对比性测试）进行。基本操作原理是选择相同的文本及相同场景下的音色，使用不同的 TTS 系统合成，对比哪个合成效果更好。虽然是人为主观判断，但依然具有一定的参考性。语音合成产品另一个需要评价的要点是性能，主要包括实时率（文字合成语音所需的时间与合成音频时长的比值）、首段音频的传回时间、线数、每秒合成字数等。

目前，语音合成技术已经可以满足市场上大部分需求，但在不同的场景下也会不可避免地出现问题。为了解决这些问题，研究者也在进行大量尝试，如力求使语音合成模型具有自我纠错和学习的能力。这些努力也为未来的产品设计提供了方向。

5.1.2 语音合成技术中的标注类型

语音合成技术的落地应用需要大量的数据标注工作支持。语音合成涉及的工作内容繁多，其中需要的标注类型主要有以下 4 种。

（1）拼音音调标注。即按照音频中的发音情况标注每个字的拼音和音调。在拼音音调标注中，音调通常包括 1、2、3、4 声和轻声，但在方言中，也可能会存在特有的其他声调，所以在标注过程中，通常需要特别关注因地域差异导致的变音、变调等情况。例如，将“我”标注成“wo3”，在陕西方言中，将“我”读音写成“e3”等。拼音音调标注样式如图 5-1 所示。

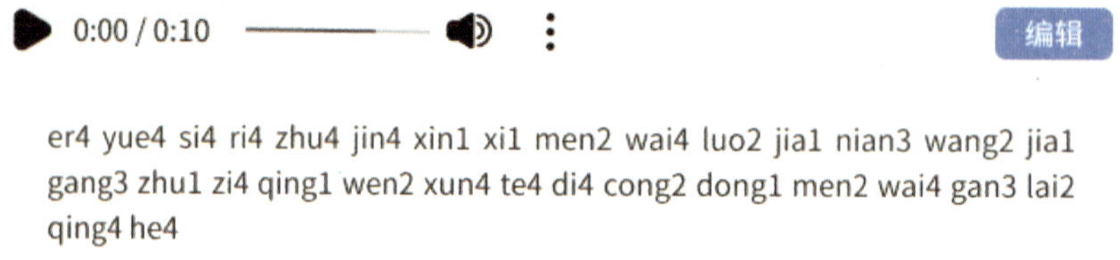
0:00 / 0:10
编辑
er4 yue4 si4 ri4 zhu4 jin4 xin1 xi1 men2 wai4 luo2 jia1 nian3 wang2 jia1 gang3 zhu1 zi4 qing1 wen2 xun4 te4 di4 cong2 dong1 men2 wai4 gan3 lai2 qing4 he4

图 5-1　拼音音调标注样式

（2）停顿韵律标注。即按照音频中的发音节奏来标注停顿时间的长短。停顿一般包括长停顿、中长停顿、短停顿及结尾停顿。需要注意的是，停顿韵律标注并非简单地按照停顿时长来标注，而是需要在标注过程中充分考虑同类音频及说话人本身的韵律特点，从而动态判断停顿类别。停顿韵律标注样式如图 5-2 所示。

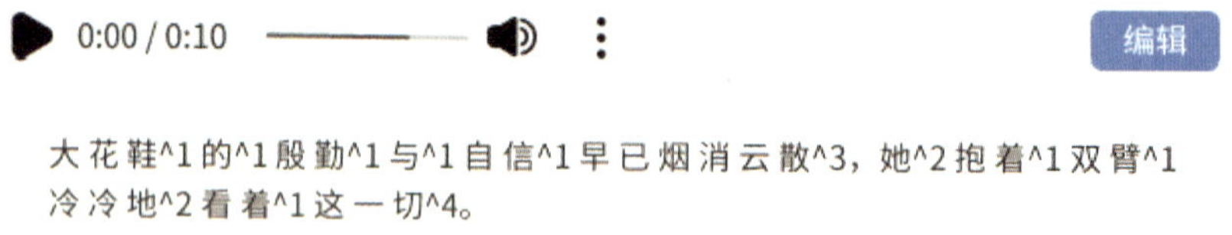
0:00 / 0:10
编辑
大花鞋^1的^1殷勤^1与^1自信^1早已烟消云散^3，她^2抱着^1双臂^1冷冷地^2看着^1这一切^4。

图 5-2　停顿韵律标注样式

（3）情感语气标注。即按照音频中说话人的语气标注情感语气类别，如平静、开心、悲伤、愤怒、感叹等。情感语气标注样式如图 5-3 所示。

（4）其他标注。语音合成标注还包括许多其他类型，如音频角色、音频逼

真度、是否真人发音、音频是否可用等，这里不再进行详细介绍。

图 5-3 情感语气标注样式

对于语音合成技术下的标注任务，需要明确的是，想成为一名优秀的标注人员并非易事。当同一种任务类型应用于不同场景时，其规则通常会发生细微变化，这就需要我们不断探索，并深刻理解场景，进行周密思考。接下来将以拼音停顿标注为例来进行实战讲解。

5.2 拼音停顿标注实战

为了使学习者能够尽快理解标注目标，本节以较为基础的普通话拼音停顿标注为例进行讲解。需要说明的是，本实战任务仅为了使学习者了解拼音停顿标注的基本操作步骤及方法，所以本规范仅代表当前实战任务的需求，并不能代表所有拼音停顿标注任务。针对特定场景下的任务需求，还需要根据实际情况进行安排和讨论。

5.2.1 拼音停顿标注规范

（一）任务目标

给目标文本、拼音分别增加停顿和音调等标签，使得文本、拼音的内容与对应的音频做到：拼音与音频中的发音一致、停顿与音频中读的停顿一致。其中，文本模块打对应的停顿标签；拼音模块打对应的音调标签。

（二）基本标注原则

（1）文本停顿及拼音的标注要与音频一致，音频中将这个读成"zhei4 ge5"，拼音预处理结果应用"zhei4"，不应算作预处理错误。

（2）本任务将一条音频的转写结果视为一句，只在末尾加 ^4，因此即使是句子中间有句号也不能加 ^4（使用 ^3 代替）。

（3）如果文本中出现儿化音，对应的拼音与前面的文字合并出现，音调应标在"××+er"后。例如，"好玩儿"对应的拼音及其标注结果应该是"hao3 waner2"。

（4）当遇到儿化音时，拼音模块的音调标签应该在儿化音后。例如，"花生豆儿"→"hua1 sheng1 douer4"。

（5）当多个发音为三声的字连读时，会产生变音（三声转为二声），要确保拼音中的变音正确。当音频语音与变音规则不符时，以音频中的发音为准。变音规则如表 5-1 所示。

表 5-1　变音规则

类型	举例	原读音	变音
双音节词	酒馆、卤煮、腐乳	33	23
单音节词+双音节词	小酒馆、米老鼠、	333	323
双音节词+单音节词	跑马场、草稿纸、水彩笔	333	223
单音节三连读	软懒散	333	223
停顿	小水滴	331	231

（6）停顿标签要遵循语音中的实际停顿来标注。

（三）具体说明

（1）音调标签类别如表 5-2 所示。

表 5-2　音调标签类别

标签	释义
1	一声
2	二声
3	三声

续表

标　签	释　义
4	四声
5	轻声

（2）停顿标签类别如表 5-3 所示。

表 5-3　停顿标签类别

标　签	释　义
^1	短停顿
^2	中长停顿
^3	长停顿
^4	句子结尾停顿

（四）注意事项

（1）^1 标签一般标注在句中不明显的停顿处，除短停顿的形容词、副词、名词等词语需要标注 ^1 外，一些连词、介词等单个字后即使与其他词语连接后也需要标注 ^1。

（2）停顿标注最重要的地方就是中长停顿，请仔细听音频，当碰到明显的停顿，停的时间又不是很长时，标注为 ^2。

（3）^3 停顿的长度，基本上属于在读句子时遇到逗号的停顿长度。

（4）如果发现句子的结尾没有 ^4，则需要加上。

（5）如果文本中有标点，则停顿标注在标点的前面。

（6）初始文本中每个字及每组拼音都用空格隔开，标点前面无空格。注意在需要标注的文字及拼音组后面添加标签，不要在空格或标点后面添加标签。例如，"在 ^1 家 里 ^3"不要标注为"在 ^1家 里 ^3"。

以上参考示例见教材配套音频 1：该 钟 ^1 重 ^1 约 ^1 十 四 吨 ^3，每 走 ^1 一 小 时 ^2 就 ^1 发 出 ^1 深 沉 ^1 铿 锵 的 ^1 报 时 声 ^3，袅 袅 余 音 ^2 遥 远 ^1 可 闻 ^4。

（7）儿化音在拼音中会与前面的文字合并出现。例如，"一点儿"拼音为 "yi4 dianer3"。正常的单独的"儿"字拼音不变。例如，"我的儿子学习好" 拼音为 "wo3 de5 er2 zi5 xue2 xi2 hao3"。

（五）系统使用

本实训任务通过数据标注实训平台完成。本规范仅对进入实训任务的步骤及具体的页面操作过程进行讲解。

本实训任务从登录系统后到一条任务完成的操作流程及步骤如下。

1. 进入任务实施页面

（1）进入实训练习页面。

当前实训平台已将该页面设置为学员端默认首页，因此登录系统后选择"高级数据标注"选项，即可自动进入实训练习页面，如图5-4所示。

图5-4 实训练习页面

（2）进入拼音停顿标注任务列表页面。

进入实训练习页面后，单击页面上拼音停顿标注模块下的"进入学习"链接，如图5-5所示，进入拼音停顿标注任务列表页面。

图5-5 单击"进入学习"链接

（3）进入拼音停顿标注实施页面。

在拼音停顿标注任务列表页面中单击任意一个任务模块下的"进入学习"按钮，如图5-6所示，进入拼音停顿标注实施页面，如图5-7所示。

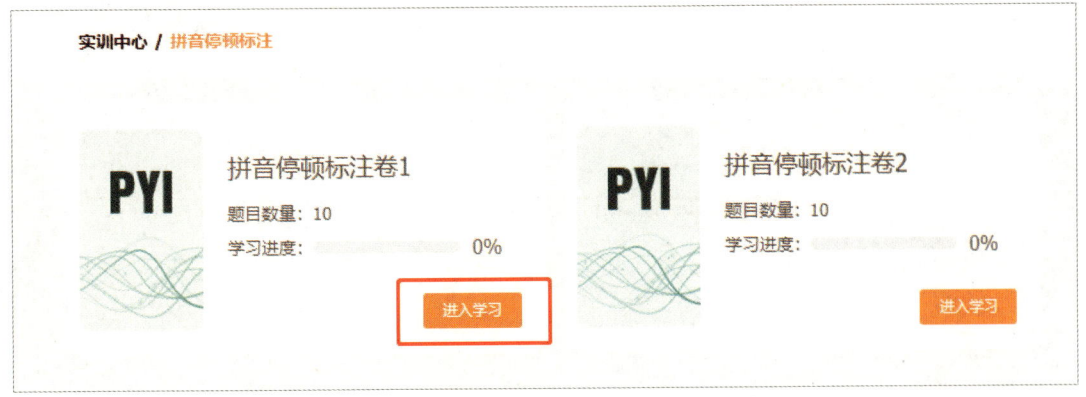

图 5-6　单击"进入学习"按钮

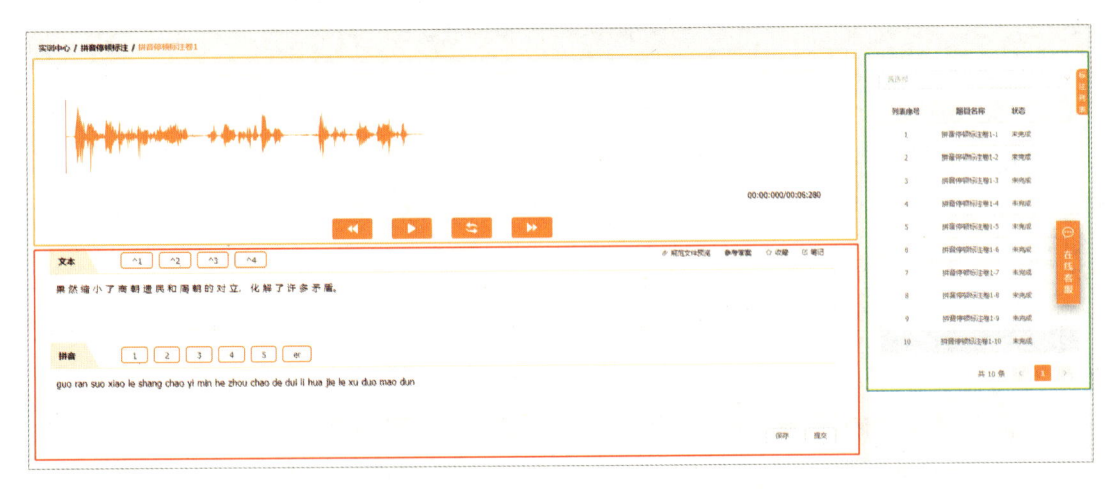

图 5-7　拼音停顿标注实施页面

拼音停顿标注实施页面大致可以分为 3 个区：黄色线框的音频操作区包括待转写音频的"回跳"、"播放"、"重置"与"后跳"等按钮；绿色线框的任务列表区呈现的是待完成的题目；红色线框的标注实施区包括音频所对应的文本标注区和拼音标注区、标签工具、规范查看，以及结果的保存与提交等。

2. 标注页面操作详解

在本任务中，如果想要针对一个题完成标注操作，则需要用到以下按钮和步骤，按顺序说明如下。

（1）标注任务领取。

在本系统中，打开拼音停顿标注实施页面后，会默认加载第一条题目，因此不需要额外做任务领取操作，此时右侧列表中第一条题目会默认呈选中状态，如图 5-8 所示。

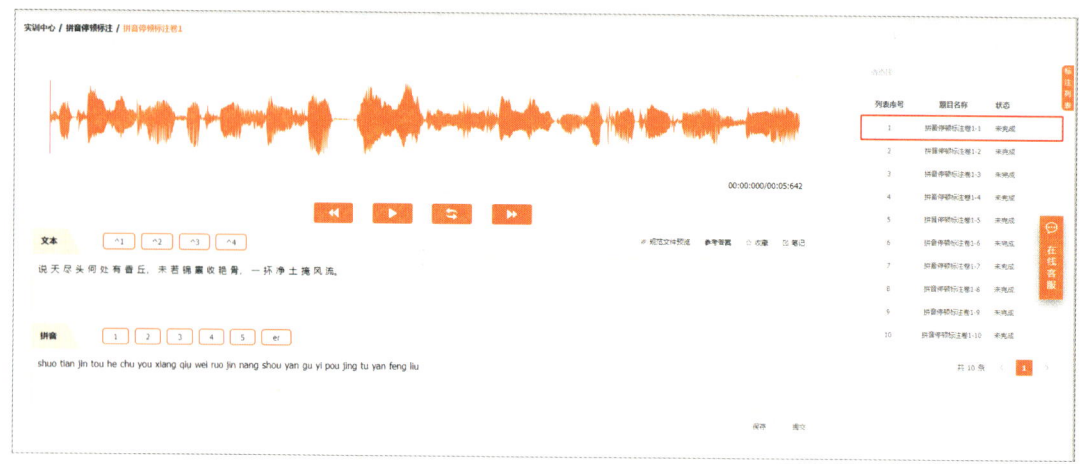

图 5-8　默认加载第一条题目

（2）"回跳"按钮、"播放"按钮、"后跳"按钮。

单击页面上的"播放"按钮可以播放当前音频，单击"回跳"按钮可以使音频从头开始播放，单击"后跳"按钮可以将播放进度跳至音频尾部，如图 5-9 所示。

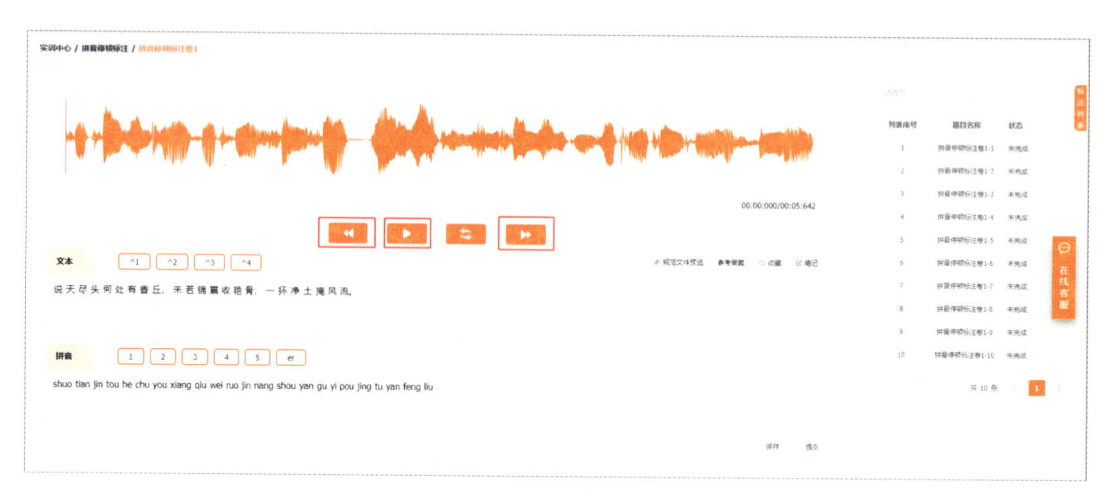

图 5-9　"回跳"按钮、"播放"按钮、"后跳"按钮

（3）音频重置。

如果想要从音频的某一处开始反复播放，可以先在音波图形上单击某一处，播放后单击"重置"按钮，表示重置后将从刚才单击的地方重新播放，如图 5-10 所示。

如果想要实现重置操作，则需要选中音频操作区中的音波，选中音波后的效果如图 5-11 所示。

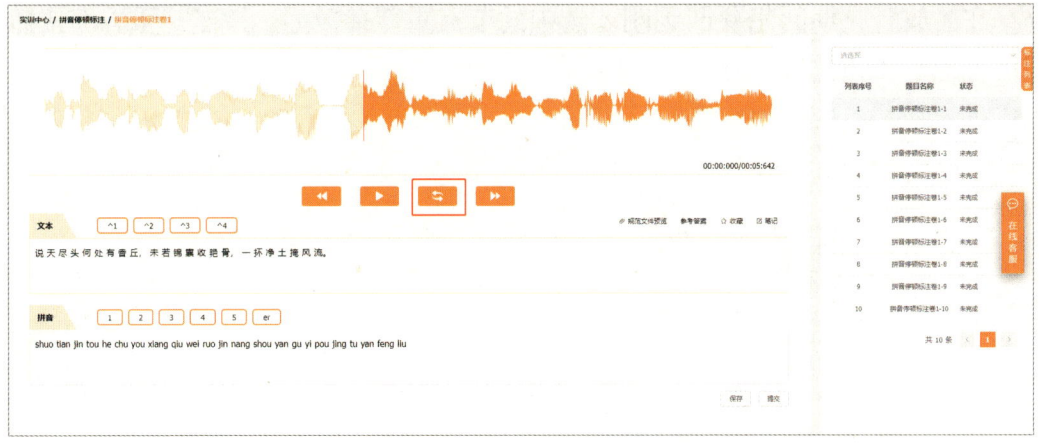

图 5-10　"重置"按钮

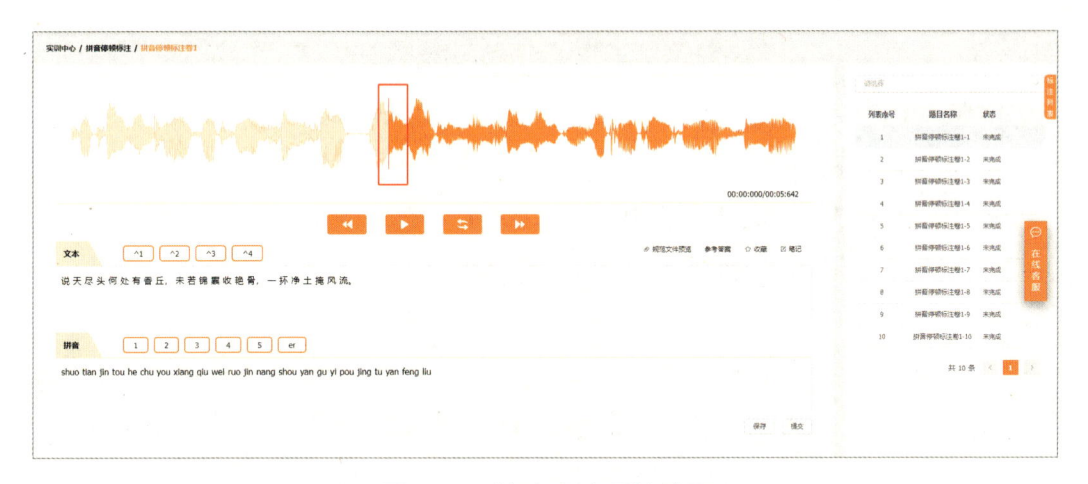

图 5-11　选中音波后的效果

单击"播放"按钮开始播放音频，如图 5-12 所示。

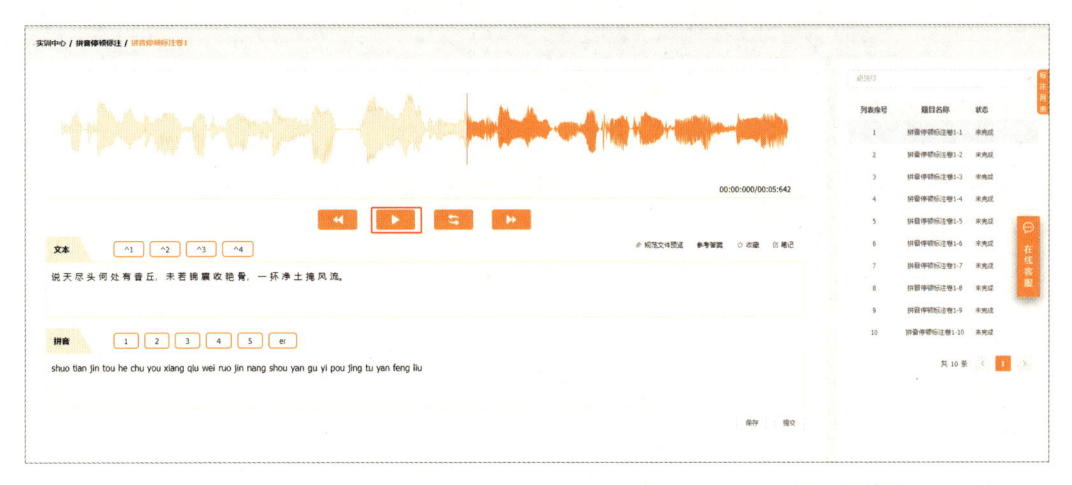

图 5-12　播放音频

在播放音频期间想要回到刚才选中的节点重新播放时，单击"重置"按钮，即可自动跳回该位置重复播放，如图 5-13 所示。

图 5-13　重置播放

（4）文本及拼音标注。

标注实施区中分为文本区及拼音区，文本区有对应的文本标签栏，拼音区有对应的拼音标签栏，如图 5-14 所示。

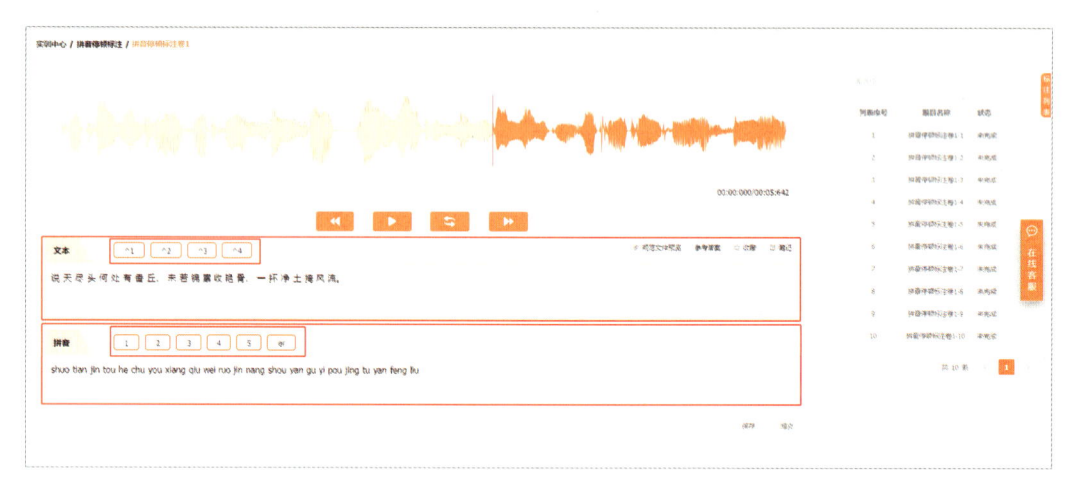

图 5-14　文本区和拼音区及其对应的标签栏

单击文本区和拼音区中内容的任意位置，都会出现闪烁的光标，如图 5-15 所示。

在光标位置单击对应区域的标签即可添加标签，如图 5-16 所示。

（5）删除标记。

如果想要删除标记，则可以将鼠标指针放在标签上，标签后面就会自动出

现❌按钮，单击❌按钮，即可删除标记，如图 5-17 所示。

图 5-15　出现闪烁的光标

图 5-16　添加标签

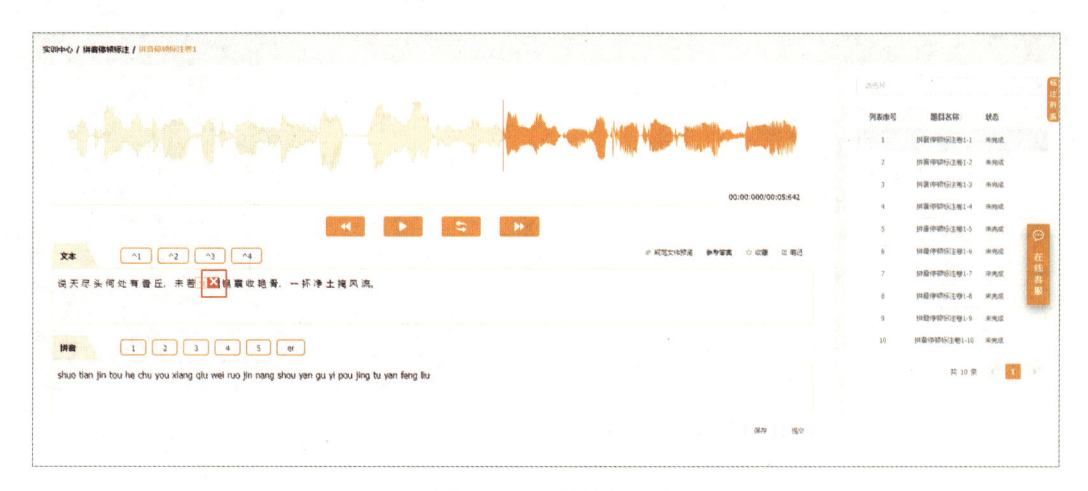

图 5-17　删除标记

（6）保存。

单击标注实施区下方的"保存"按钮，即可保存当前标注结果。"保存"按钮主要用于保存已标注的部分结果，以确保标注中的结果不会丢失。单击"保存"按钮后，该按钮会变成橙色并提示保存成功，如图5-18所示。

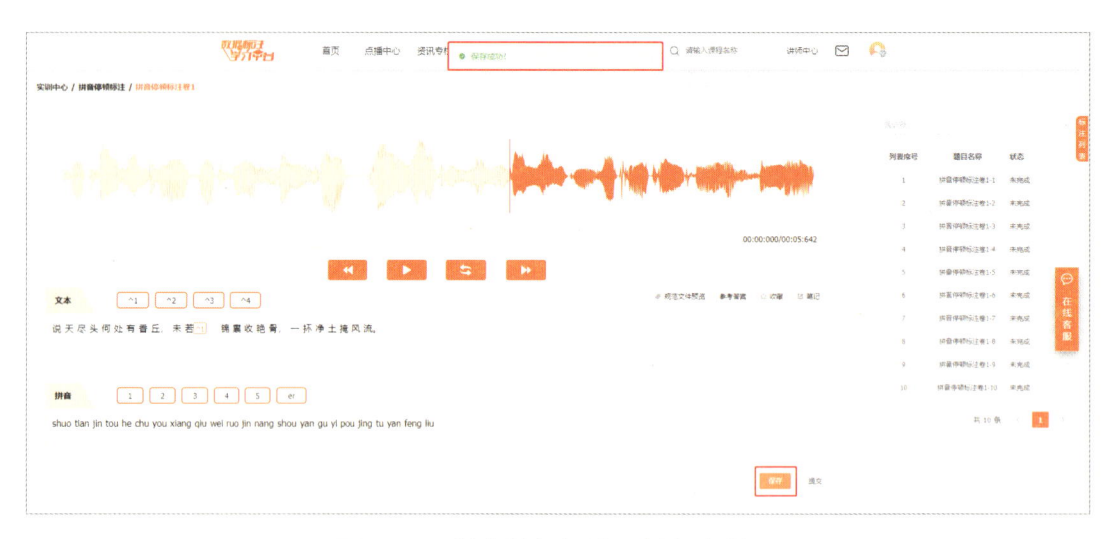

图5-18　拼音停顿标注及其保存效果

（7）提交。

单击"提交"按钮即可提交当前任务。单击"提交"按钮后，除了提交当前标注结果，还会呈现参考答案与作答结果对比页面。该对比页面会给出参考答案，以及学习者所提交答案的对比，如图5-19所示。

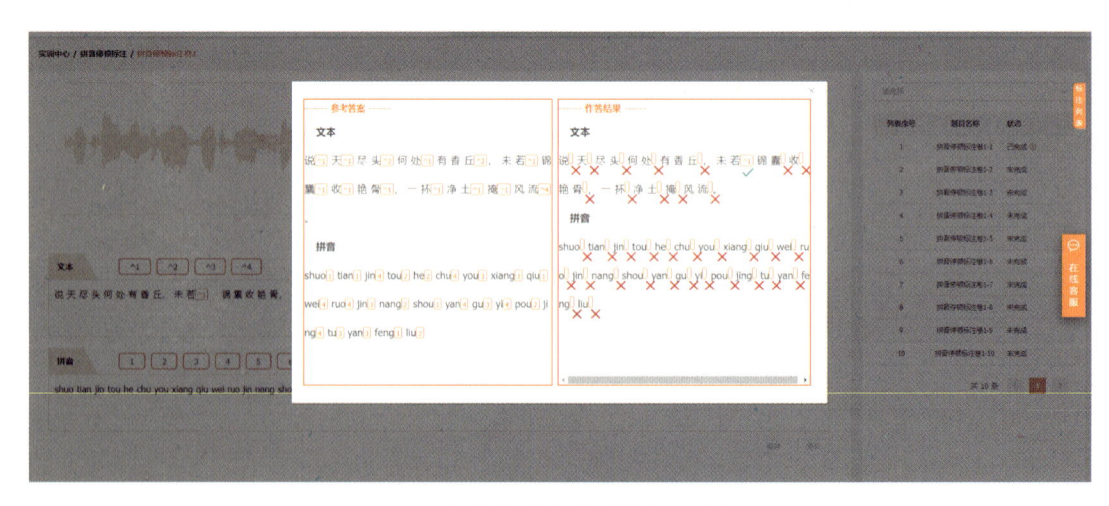

图5-19　参考答案与作答结果对比页面

（8）切换到下一题。

单击"提交"按钮后，可以单击参考答案与作答结果对比页面中的 × 按钮手动切换到下一题。对于已提交的题目，不能再次修改。

（9）查看答案。

单击标注页面上方的"参考答案"链接可以查看参考答案，如图5-20所示。但如果当前题目的结果尚未提交，则不允许查看参考答案，如图5-21所示。

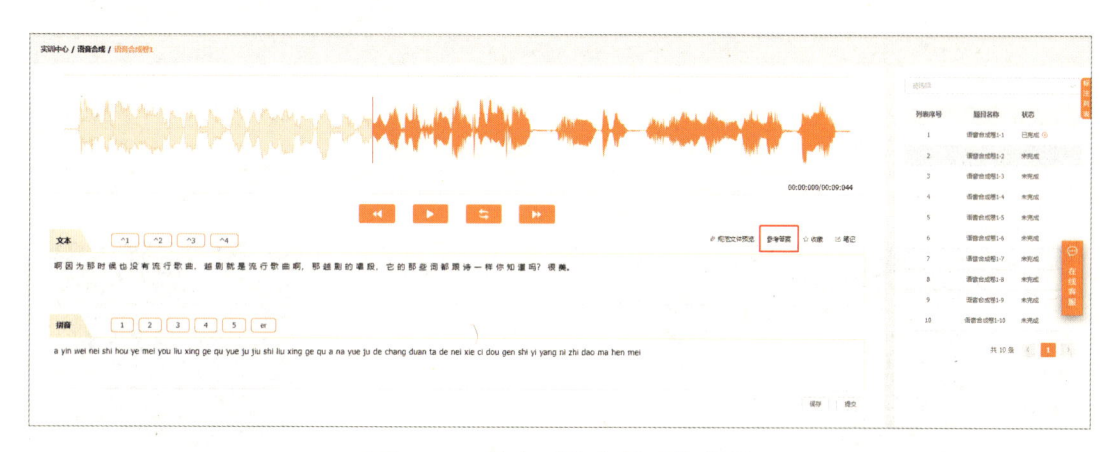

图5-20 单击"参考答案"链接

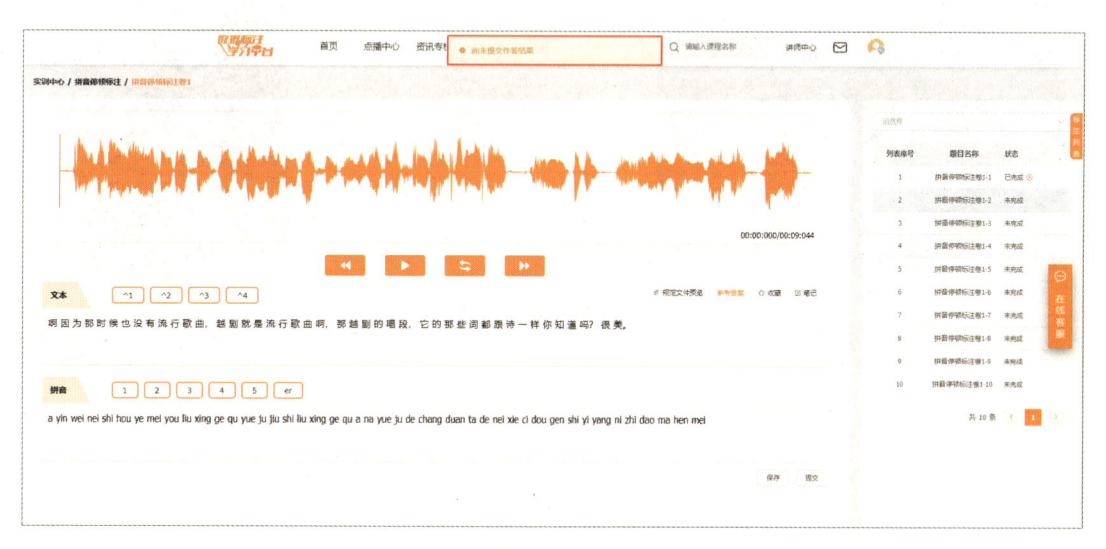

图5-21 提交前不允许查看参考答案

（10）查看标注规范。

单击标注页面上方的"规范文件预览"链接可以查看当前最新的完整标注规范，如图5-22、图5-23所示。

图 5-22　单击"规范文件预览"按钮

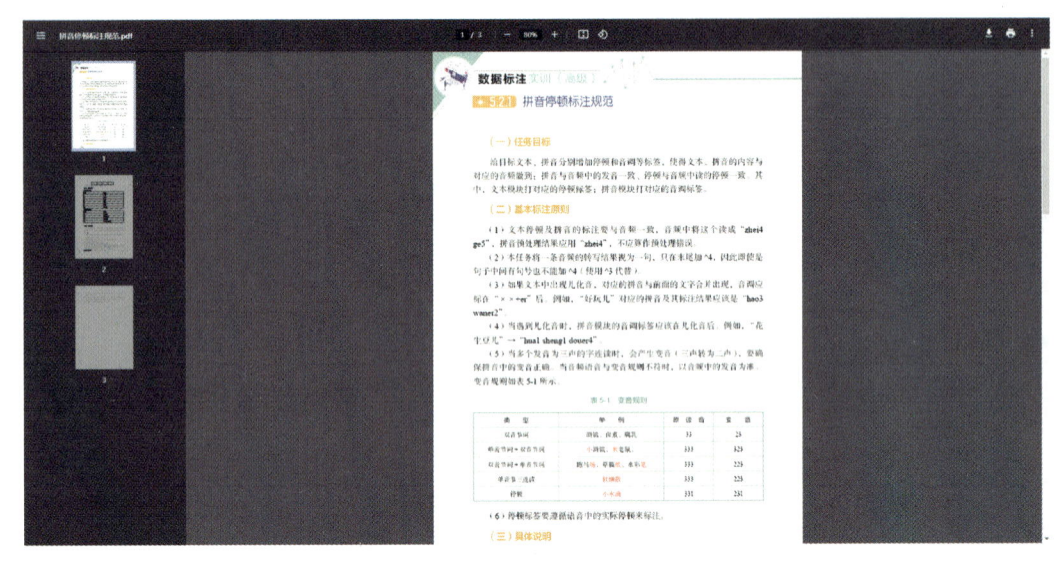

图 5-23　查看拼音停顿标注规范

（六）标注样例

图 5-24 所示为按照本规范要求提供的样例，仅供参考。

图 5-24　标注样例

5.2.2 案例分析

本节以"教材配套音频3"为例，按照上述规范和标准进行标注练习和案例分析，如图5-25所示。

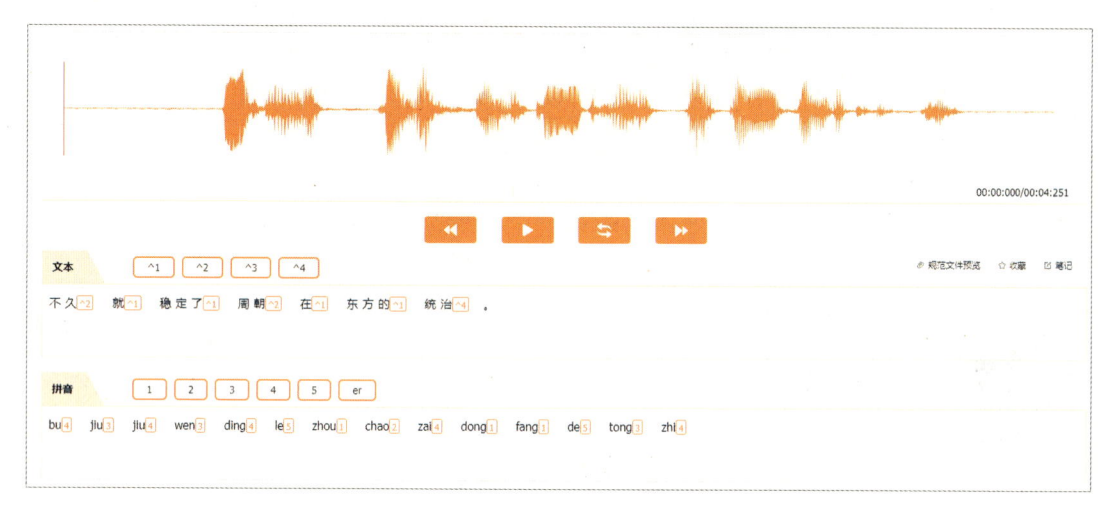

图5-25 案例分析

解析：我们可以先把文本部分进行句子拆分，"不久/就/稳定了/周朝/在/东方的/统治。"。其中，"不久"有一个明显的中长停顿，可以使用"^2"标签；"就"与前面"不久"连做副词用，由于音频停顿单独标为短停顿"^1"；"稳定了"为名词+助词，连贯起来可以组在一起标为短停顿；"周朝"为名词，有明显中长停顿标记为"^2"；"在"为介词，标注为短停顿"^1"；"东方的"可作为整体，标注为短停顿"^1"；"统治"为句尾，标注为"^4"。

5.3 实训习题

随堂练习1： 本次拼音停顿标注实训文本标签共有4种、拼音标签共有5种。（　　）

数据标注 实训（高级）

✏️ **随堂练习 2**：一个词语之间可以添加停顿标签。（　　）

✏️ **随堂练习 3**：句尾标点前与该句最后一个字之间要添加_____标签。

✏️ **随堂练习 4**：根据中文的变调规则，请标注文本"胆 小 鬼"对应的拼音音调 dan_____xiao_____gui_____。

✏️ **随堂练习 5**：注意在需要标注的文字及拼音组后面添加标签，不要在_____添加。

本章小结

本章对语音合成技术及其标注类型进行了梳理，其中包含对语音合成技术的具体介绍，详述了语音合成技术下标注类型的分类，并以拼音停顿标注为例进行实战讲解。

语音合成不仅离不开人工智能技术，数据标注也是其领域不可或缺的环节。语音合成技术前端以实现语音分析为主要任务，遵照语言学将文本结构进行分析等；语音合成技术后端根据语音分析的结果生成对应的音频为主要任务；两端通过神经网络学习实现合成技术。语音合成产品将从实时率、首段音频的传回时间等多维度来评定其性能。

语音合成技术下的主要标注类型有拼音音调标注、停顿韵律标注、情感语气标注及其他标注。在拼音停顿标注实战中，先要确定好标注任务的目标，以免偏离任务本身；同时，标注人员要将标注的基本原则熟记于心，以确保标注项目完成的准确度；以及标注人员需要熟练使用系统界面，保证标注项目的效率。语音合成标注知之非难，行之不易，其干扰因素众多，需要标注人员在标注实施中，不断理解和探索才能更好地完成语音合成的标注项目。

第 6 章

数据处理实战

为了更好地让大家掌握数据处理的基础操作，本章将介绍如何进行数据处理。我们将之前了解过的问句复述标注及音频作为样本进行数据处理。

6.1 问句复述原始数据处理实战

问句复述原始数据的种子问题可以通过多种方式获取，如人工生成、网络爬虫或截取文章等。由于数据来源及获取方式的不同，会出现不同的数据质量问题。因此，为了得到高质量的种子问题，需要对种子问题进行处理。在此阶段，对种子问题提出了更为详细的处理规则。

6.1.1 处理规则

1. 去除非问题句子

[原始问句]：据说这里是一生要去两次的地方，北海道8天9夜自由行不完全攻略。

[处理方法]：非问句，直接删除即可。

2. 去除过短或过长的问句

[原始问句1]：你是谁？

[处理方法]：句子过短，没有意义，直接删除即可。

[原始问句2]：男子遇村民多次拦车索要妇女节红包，甘孜州文旅局表示已联系巴塘县进行调查，目前该事件调查进展如何？

[处理方法]：句子过长，一般控制在25个字以下，并且问题包含信息过多，难以修改，直接删除即可。

3. 消除歧义

[原始问句]：他们都去哪儿了？

[处理方法]：句子短，有歧义，可以通过填补进行修改。例如，他们一起前往了什么地方？

4. 含义聚焦

[原始问句]：什么样的电影适合情侣看？不要太恐怖，也不要太无聊，最好有点浪漫和幽默。

[处理方法]：句子长，含义分散，适当改写就能得到更好的种子问题。例如，有什么浪漫和幽默的电影推荐吗？

5. 问题拆分

[原始问句]：网传一名游客从泸定桥坠入大渡河？目前救援进展如何？出游应该注意什么？

[处理方法]：拆分问句指代不清晰，可以通过填补进行修改。例如，坠河游客目前救援进展如何？游客出游应该注意什么？

6. 去除相似度过高的问题

[原始问句1]：你们每天都做哪些有意义的事？
[原始问句2]：每天都做哪些有意义的事？
[处理方法]：保留一个。

7. 更改错别字

[原始问句]：一年事件能干什么事？
[处理方法]：一年事件时间能干什么事？

8. 去除与核心问题关联不大的冗余部分

[原始问句]：我想知道一下沈阳有哪些好玩又人少的地方呢？
[处理方法]：~~我想知道一下~~沈阳有哪些好玩又人少的地方呢？

以上列举了常见的种子问题的处理规则，实际的规则人需要根据数据情况及项目需求制定。

6.1.2 清洗实例

在给定的种子问题数据及处理规则后，当面对批量的文本数据进行清洗时，灵活地使用正则表达式可以达到事半功倍的效果。前文已经简单介绍了正则表达式的功能、相关工具及具体操作。这里结合问句复述的数据清洗工作进行进一步讲解。

假设有这样一批从问答网站上获取的数据（见图6-1），可以看到有些句子并不是问句。这里就可以通过正则表达式来进行批量去除，其方法可以根据文本结构是否为"？"进行匹配，通过".*[^？]$"匹配不是"？"结尾的句子替换为空值。其中，"."表示匹配任意字符，".*"表示匹配任意字符零次或多次，".*[^？]"表示在出现若干次字符后匹配一个不是"？"的字符，".*[^？]$"表示匹配查询对象的最后一个字符后面不是由"？"结尾的句子。这样就可以很好地匹配一个不是"？"结尾的句子。

如果想要从段落中提取问句（见图6-2），则可以通过正则表达式快速匹配到问句，但是想要批量提取所有问句，仅仅通过文本编辑的工具并不能通过匹

配问句实现，还是需要匹配剩余部分并去掉，来保留想要的内容。这里要强调一点，在通过元字符匹配任意字符时，除"\S"外一般都不会匹配换行符，这让我们可以很好地逐行匹配。

图 6-1 批量从问答网站上获取的数据

图 6-2 匹配不是问号结尾的句子

因此这里对"。"、"？"与"！"进行匹配，替换为在原符号后面增加一个换行符，最后删除原本文本中的回车符及换行符，得到如图 6-3 所示的效果。可以看到，这里对整个文章进行一个分句的操作，此时再结合对非问句去除的方法，就可以有效地提取问句了。

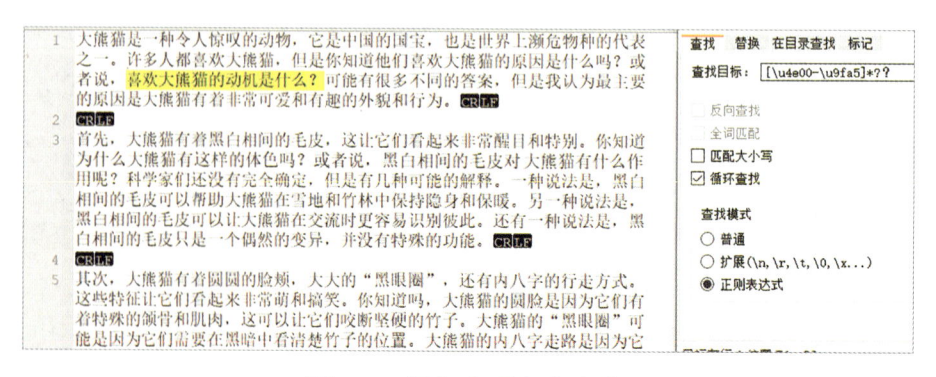

图 6-3 问句出现在文章中

正则表达式是一个非常实用的工具，灵活地使用正则表达式，可以处理大多数文本清洗的任务，如图 6-4 所示。针对问句复述任务中原始问题中的错别字、歧义及含义分散等错误要求，需要逐条核对改写。我们通过学习上述文本的清洗方法，能够快速提取问句，极大地提升了工作效率。

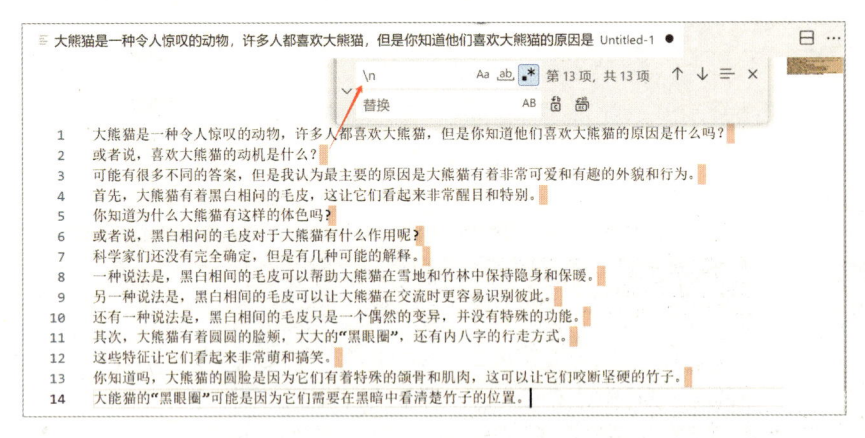

图 6-4　使用正则表达式替换的方式得到文章的分句效果

6.2　音频数据预处理

数据预处理的根本目的是将原始数据处理为能够导入标注平台或能够直接让标注人员标注的形式。本次预处理主要处理音频文件的格式，同时包括了清洗后将文件打包为上传至标注平台的格式。需要注意的是，可能每一个平台的文件要求与导入格式不尽相同。

6.2.1　音频数据处理要求

设置采样精度为 16000Hz；单个音频时长小于或等于 10s；音频文件格式为".wav"；音频、Excel 文件打包命名为"PhoneticizeQuestion"；压缩包格式为".zip"。

6.2.2 音频数据处理步骤

使用GoldWave V5.67作为本次音频处理工具，先处理采样精度。

1. 单个文件处理方式

（1）调整采样精度，选择"效果"→"重新采样"命令，如图6-5所示。

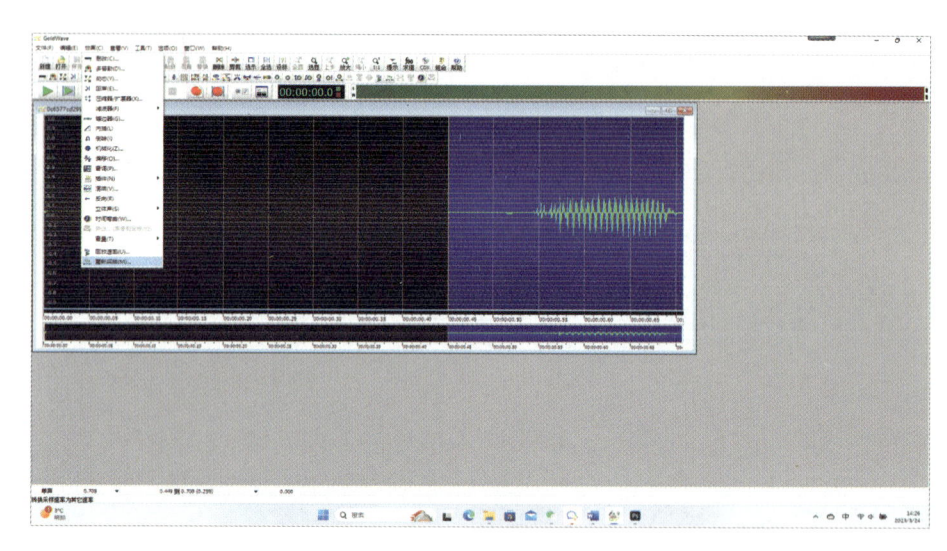

图6-5　选择"重新采样"命令

打开"重新采样"对话框，通过设置"速率"将采样精度调整为16000Hz，如图6-6所示，单击"确定"按钮。

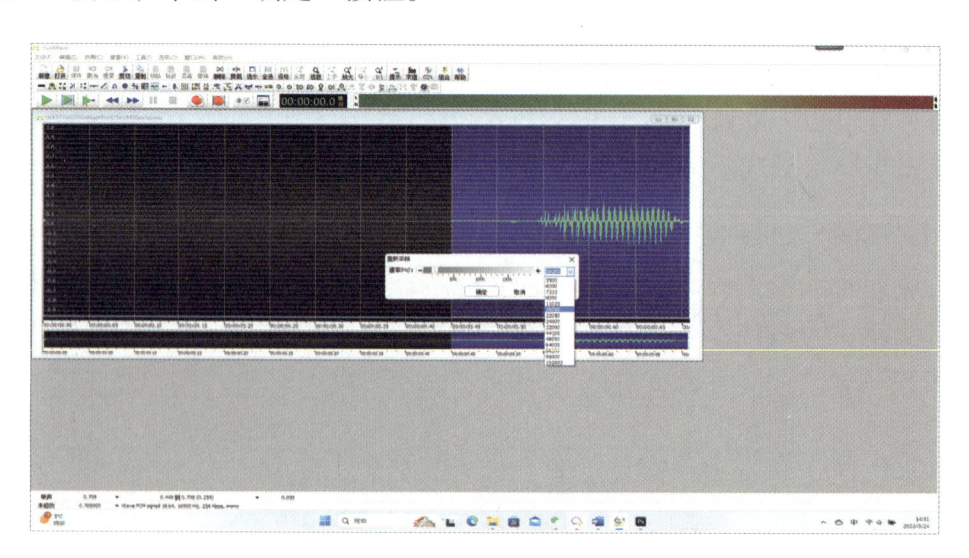

图6-6　调整采样精度

（2）单击"保存"按钮或按 Ctrl+S 组合键可以保存音频文件，如图 6-7 所示。

2. 批量文件处理方式

（1）选择"文件"→"批处理"命令，如图 6-8 所示。

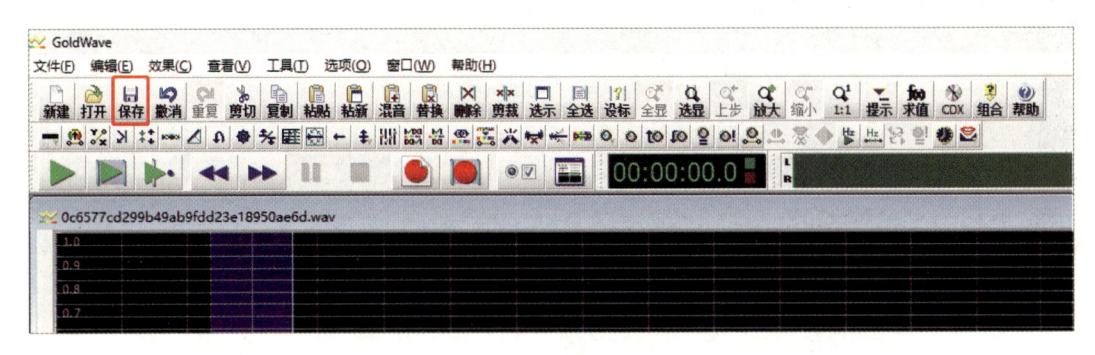

图 6-7　保存音频文件

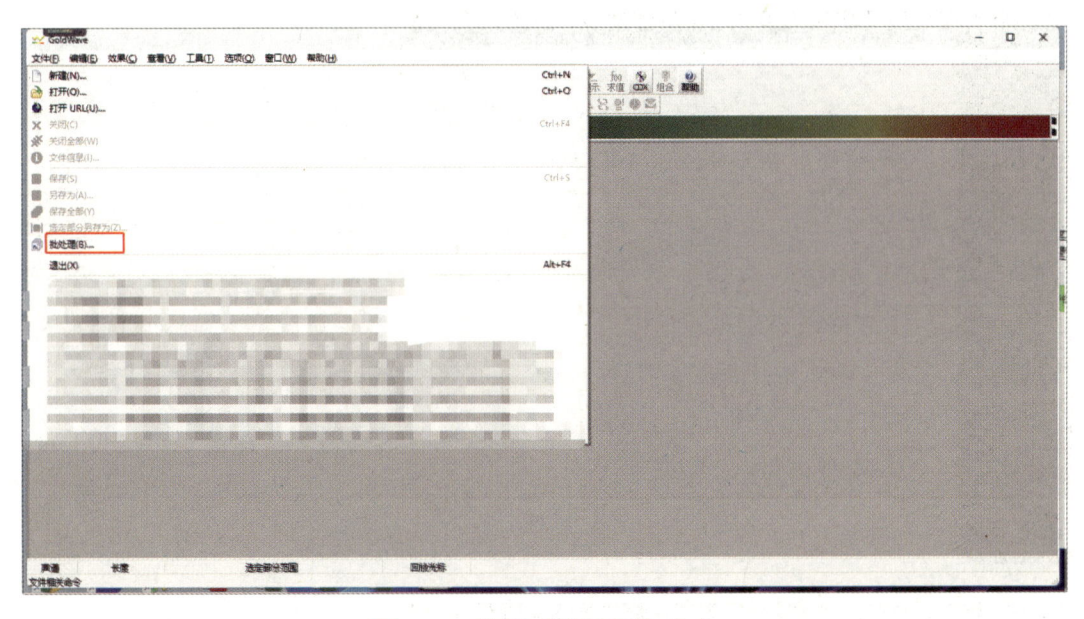

图 6-8　选择"批处理"命令

（2）打开"批处理"对话框，单击"文件夹"按钮，如图 6-9 所示，在打开的"添加文件夹"对话框中单击 📁 按钮，选择对应音频文件夹，如果内部含有子文件夹，则需要勾选"包含全部子文件夹"复选框，单击"确定"按钮，返回"批处理"对话框，并在列表框中显示添加的文件路径，如图 6-10 所示。

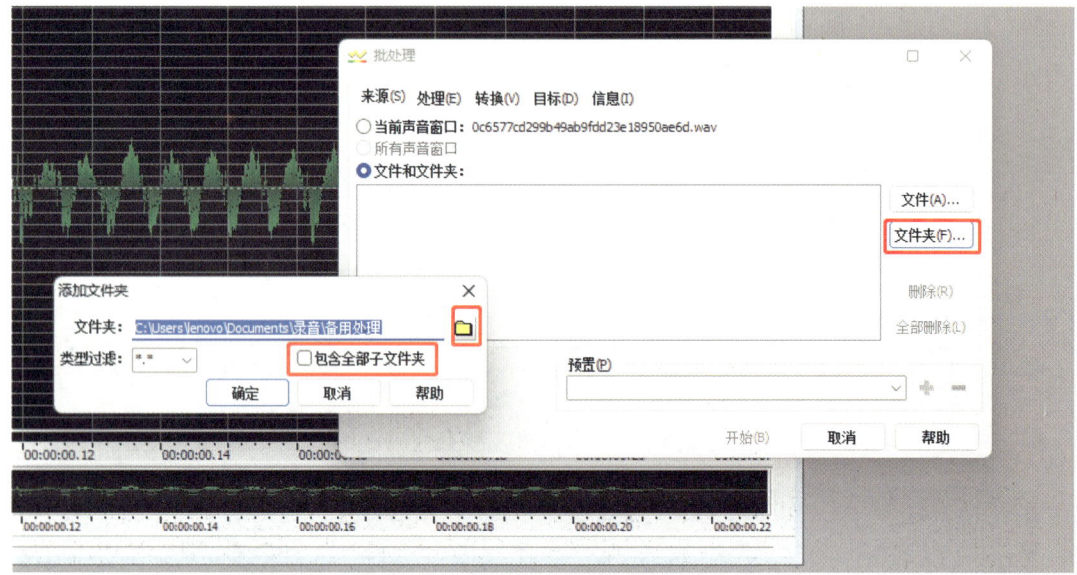

图6-9 单击"文件夹"按钮

图6-10 列表框中显示添加的文件路径

（3）选择"转换"选项卡，勾选"转换文件格式为（C）"、"速率（Hz）（Z）"与"保持原始文件的单声或立体声属性（如果可能）"3个复选框，如图6-11所示。

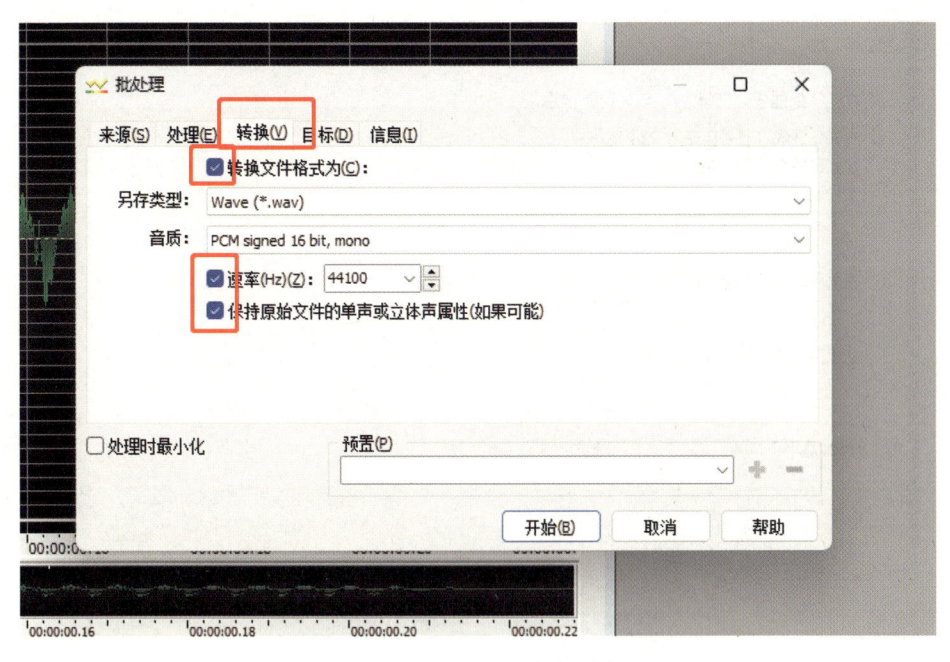

图 6-11　勾选相应复选框

（4）如果需要转换格式，则可以根据需要选择另存类型与音质。

（5）选择速率为 16000Hz，如图 6-12 所示。

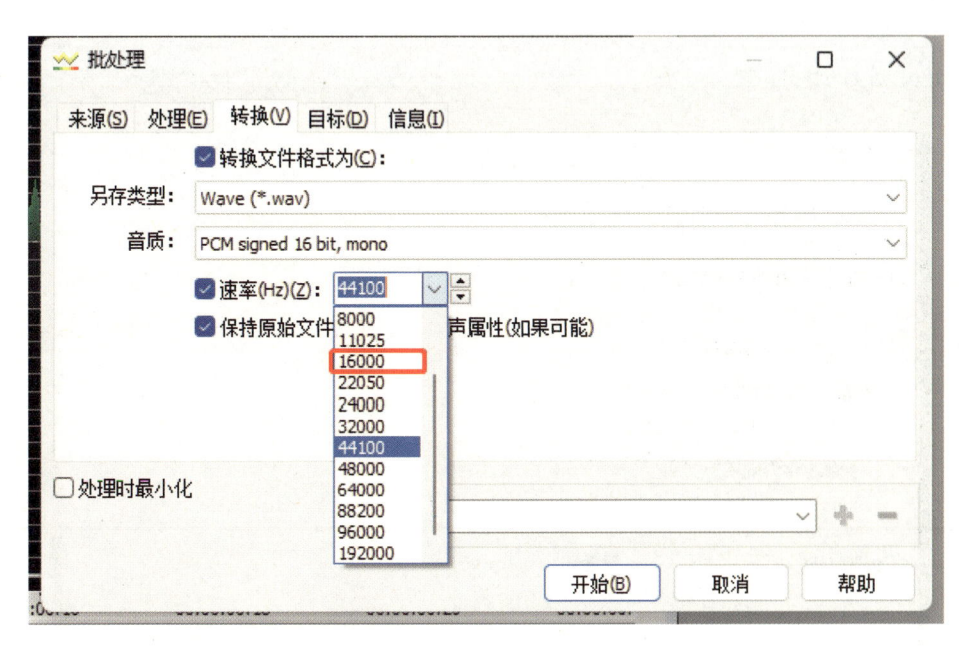

图 6-12　选择速率为 16000Hz

（6）选择"目标"选项卡，如图 6-13 所示。

图 6-13 选择"目标"选项卡

如果想要将处理后的文件保存在源文件夹，则可以选中"所有文件保存至各自来源文件夹"单选按钮；如果想要将处理后的文件保存在新建文件夹，则可以选中"在此文件夹保存所有文件"单选按钮，并单击 📁 按钮，如图 6-14 所示，打开"浏览文件夹"对话框，在 D 盘或者其他位置，新建文件夹，单击"确定"按钮，如图 6-15 所示。

图 6-14 单击 📁 按钮

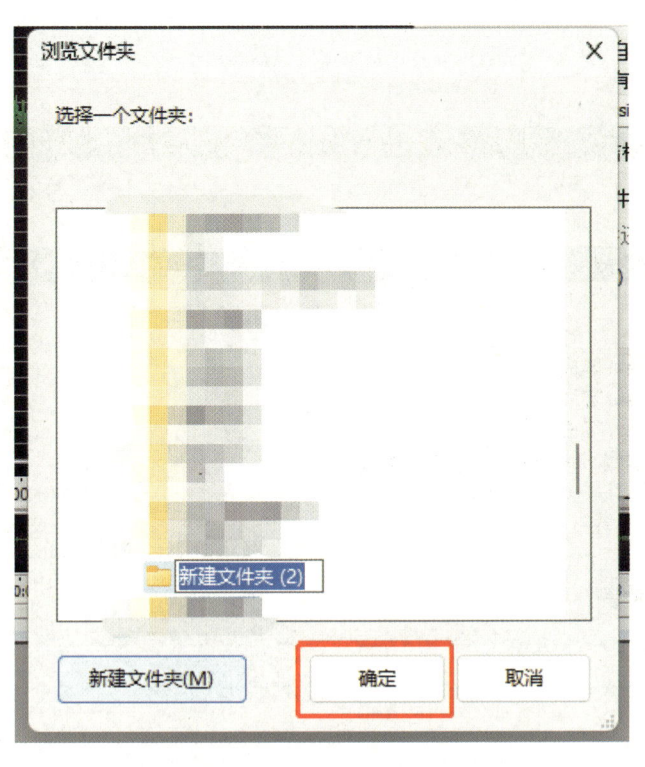

图 6-15 单击"确定"按钮

（7）设置完之后单击"批处理"对话框中的"开始"按钮，即可运行批处理，如图 6-16 所示，在列表框中将显示批处理进度信息，如图 6-17 所示。

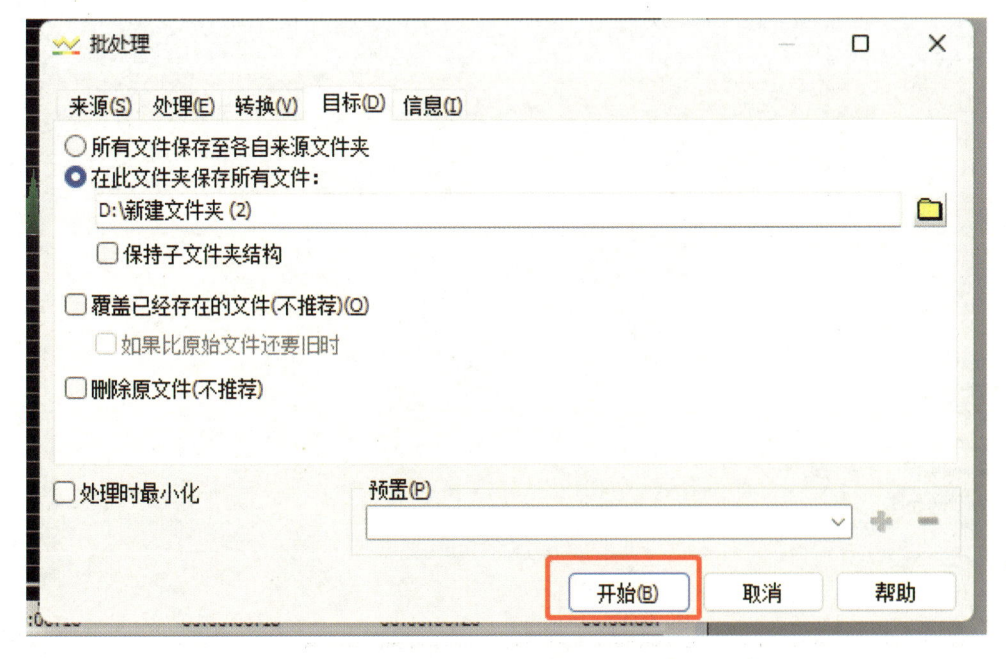

图 6-16 单击开始

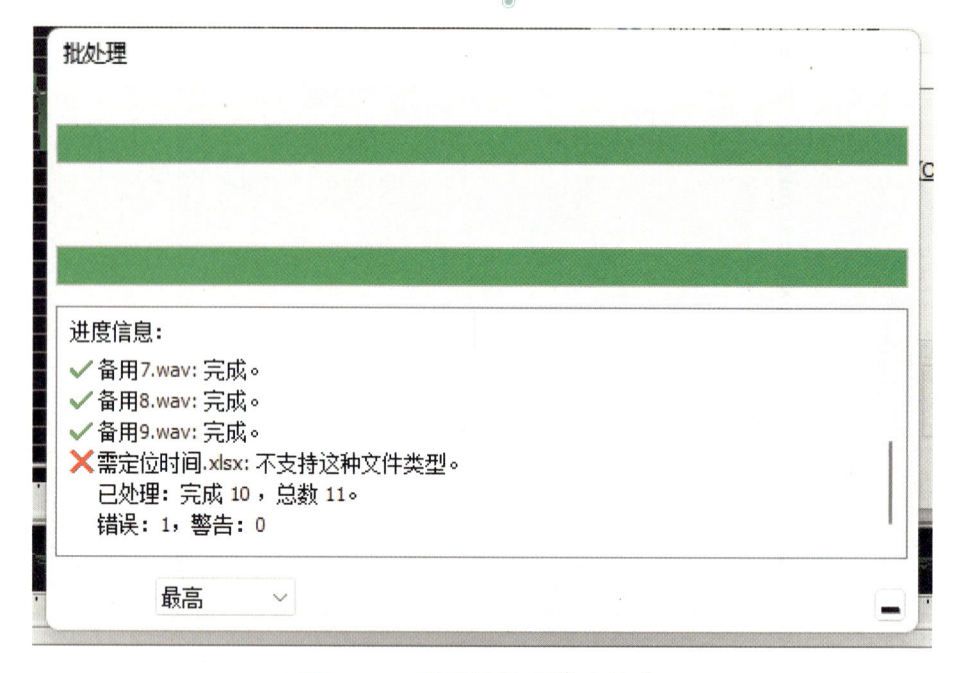

图6-17　显示批处理进度信息

（8）通过刚才创建的"新建文件夹（2）"窗口可以查看批处理后的文件，如图6-18所示。

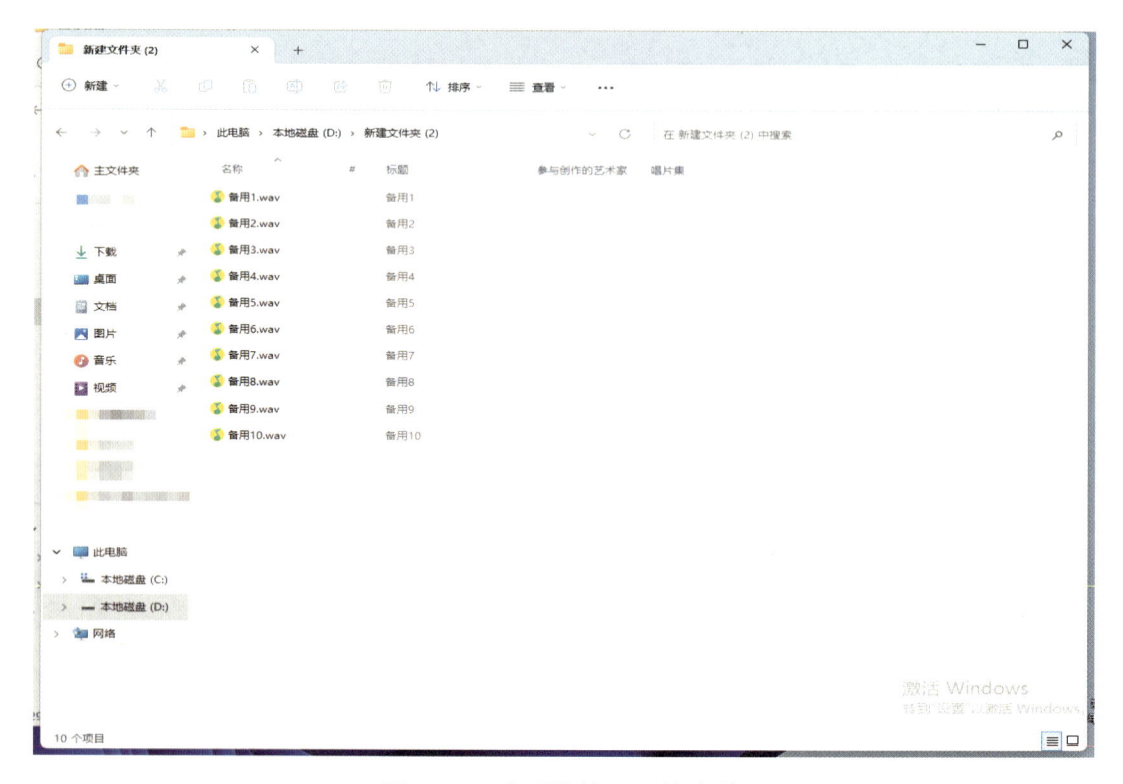

图6-18　查看批处理后的文件

（9）先显示音频时长，再通过文件夹筛选，删除文件夹中时长大于 10s 的音频，如图 6-19 所示。同时删除文本文件与拼音文件中对应的内容，最后保存文件即可，如图 6-20 所示。

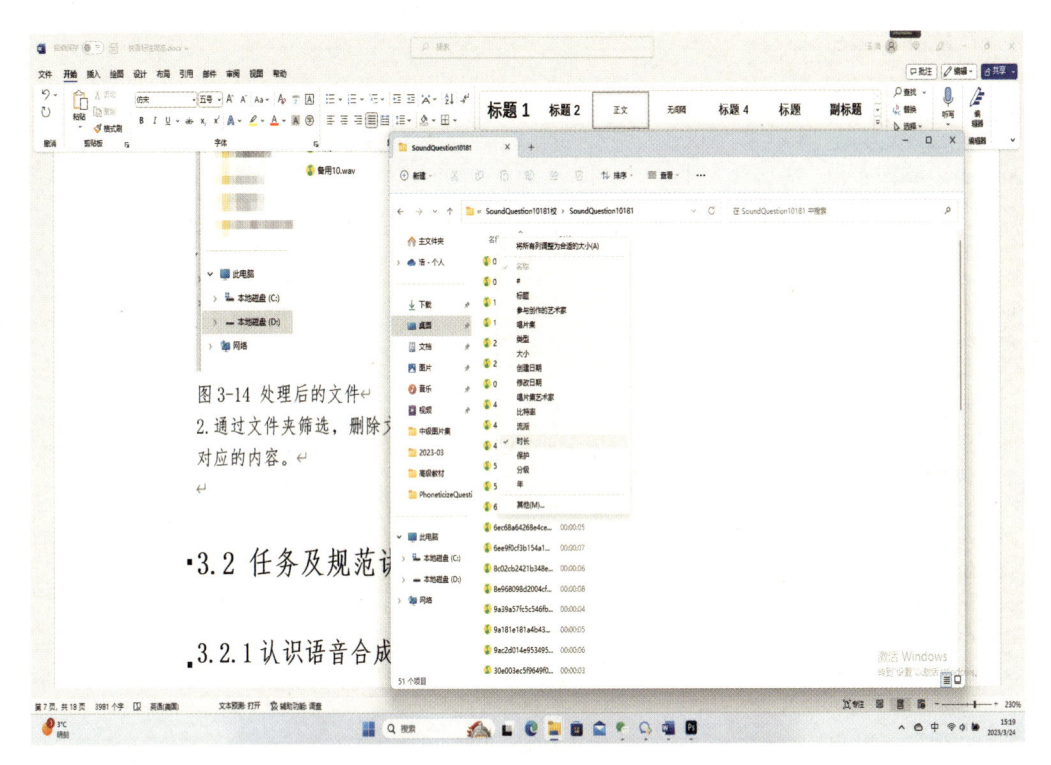

图 6-19　显示音频时长

图 6-20　整行删除对应文件名称

（10）先将预先准备好的 Excel 文件放入音频文件夹中，再将该 Excel 文件重命名为 "PhoneticizeQuestion"，如图 6-21 所示，并将该文件压缩为 .zip 格式，如图 6-22 所示。

图 6-21　将 Excel 文件放入音频文件夹中及重命名 Excel 文件

图 6-22　将 Excel 文件压缩为 .zip 格式

6.3 实训习题

✏️ **随堂练习1**：通过灵活地使用正则表达式，可以处理大多数文本清洗的任务。（　　）

✏️ **随堂练习2**：针对问句复述对原始问题中的个别错别字可忽略不计。（　　）

✏️ **随堂练习3**：正则表达式也可以用于处理非问句数据。（　　）

✏️ **随堂练习4**：对种子问题处理的实际规则，一般是通用的。（　　）

✏️ **随堂练习5**：问句复述原始数据的种子问题可以通过多种方式获取，如_____、_____、_____、_____等。

✏️ **随堂练习6**：数据预处理的根本目的是将_____数据处理为能够导入标注平台或能够直接让标注人员标注的形式。

本章小结

本章对问句复述原始数据与音频数据处理的步骤进行了详细介绍。

在问句复述原始数据处理方面，由于数据来源及获取方式的不同，数据质量参差不齐，因此针对此类问题列举出一系列的处理规则及问句复述数据清洗的具体步骤。复述原始数据其实就是根据实际标注任务所需要的种子问题。首先明确什么样的问题是合格的种子问题，其次，按照合格种子问题的标准采用正则表达式进行数据清洗。初期使用正则表达式，操作速度可能较慢，清洗效

率可能较低,甚至出现错误。针对此种情况,最后对清洗完的数据进行人工审核,确保种子问题符合任务标准。

  在音频数据处理方面,本章主要介绍了音频数据处理的要求及使用 GoldWave 处理音频数据的具体操作步骤。在任务实施前,务必要明确音频数据的处理要求,如音频采样速率、音频时长、音频文件格式、Excel 文件打包命名及压缩格式;否则会影响音频数据在标注系统上的标注与上传。当使用 GoldWave 处理音频数据时,尽量按照本章介绍的处理步骤进行操作,避免因遗漏步骤,导致产生无效的数据,从而增加标注成本,影响数据质量。

附录A

常 用 语	释 义	环境/项目
数据集	一组样本的集合	数据来源/结果
采集/抓取/爬取	采集数据的动作	数据来源
数据清洗	清除原始数据中不正确、不完整、不相关或不准确的部分	数据处理
预标注	通过自动化的标注工具对数据进行简单的预处理，使其在进行标注时能够变得更加简单、高效，从而提升标注的精度与速度	数据处理
噪声数据	错误或异常（偏离期望值）的数据	数据处理
边界误差	模型输出与真实结果之间的差异	图片
显示分辨率	屏幕图像的精密度，通常指显示器能显示多少像素。图像的分辨率越高，所包含的像素就越多，图像就越清晰	图片
位深度	图像中的每个像素可以使用的颜色信息数量。每个像素使用的信息位数越多，可使用的颜色就越多	图片
有效/无效对象	图像中需要标注正常框/忽略框的物体	图片
角色	在多轮对话标注中需要扮演角色	对话
对话轮次	指多轮对话标注需要一问一答的轮数	对话
正例	标注结果为正确的数据样本	分类
负例	标注结果为错误的数据样本	分类

续表

常用语	释义	环境/项目
标签	为原始数据添加的特征	分类
实体/命名实体	指代具体事物、一般主体的专有名词	实体/事件/关系
最大化标注原则	陈述范围的表述方式，如×月×日上午、×省×市	实体
BIO	一种常用的序列标记方法，主要应用在命名实体识别、关系抽取、文本分类等自然语言处理任务中。它可以将序列中的每个元素标记为 B、I 或 O，分别代表实体的起始、中间或非实体	实体/关系/分类
三元组	形如 $((x,y),z)$ 的集合，其中，x 和 y 是两个实体，z 是它们之间的关系。三元组通常用来表示关系数据库中的数据	关系/事件关系
头实体	一般在关系标注中作为三元组 $((x,y),z)$ 集合中的 "x"	关系
尾实体	一般在关系标注中作为三元组 $((x,y),z)$ 集合中的 "y"	关系
头事件	一般在事件关系标注中作为事件三元组 $((x,y),z)$ 集合中的 "x"	事件关系
尾事件	一般在事件关系标注中作为事件三元组 $((x,y),z)$ 集合中的 "y"	事件关系
方向	代表关系或事件关系中的方向，即三元组 $((x,y),z)$ 中的 "z"	关系/事件关系
触发词	一般为事件中的核心动词	事件
要素/论元	事件标注中事件类型的事件要素	事件
query（查询词）	在语义上与正文中其他部分相关，但是并没有专门用于该任务的训练数据集中的词语。查询词可以帮助模型更加准确地预测某个类别中的文本，也可以帮助模型在某个类别中进行更加准确的识别和分类	分类
框架元素	在框架语义学中，框架元素是指在框架中起支撑作用的元素，它在语义上与其他元素相互连接，但在语法上不一定处于最前面或最后面	框架语义角色标注
目标词	在框架语义学中，目标词是指在语义上与其他词语相关，但在语法上不一定处于最前面或最后面。它在框架中起到一个指示或标记的作用，可以帮助模型更好地理解和处理文本数据	框架语义角色标注

续表

常用语	释义	环境/项目
分词	将一句话按词语分开，按词语形成独立的单元。它是自然语言处理中非常重要的一步，因为它能帮助我们将文本数据集分类为预定义的类别，以便后续的文本分析、文本生成等任务	框架语义角色标注
语义角色	在框架语义学中，语义角色是指短语或句子中的名词短语［论元（Arguement）与谓语中心词（Head）之间的语义关系］	框架语义角色标注
返工	由于标注的数据质量不合格，需要重新标注的术语	流程
质检	对标注完成的数据进行质量检查的项目阶段，以确保项目高质量交付	流程
一审	在质检完成后，由其他有资质审核的人员对数据进行全样或抽样审核	流程
二审	在一审完成后，由其他有资质审核的人员对数据进行二次全样或抽样审核	流程
终审	在二审完成后，由其他有资质审核的人员对数据进行最后的全样或抽样审核	流程
准确率/正确率	模型正确预测为正样本的样本数占总样本数的比例	评价指标
精确率/查准率	模型预测结果与真实结果相符的比例。通常用精确率来评估模型在二分类或多分类任务上的性能。精确率越高，说明模型预测结果与真实结果就越接近	评价指标
召回率/查全率	模型正确预测为正样本的样本数占总样本数的比例	评价指标
F1值	精确率和召回率的加权调和平均值，通过计算F1值可以评估模型在二分类或多分类任务上的综合性能。F1值越高，说明模型在二分类或多分类任务上的性能就越好	评价指标
ROC曲线	以假正率（FPR）和假负率（FPL）为轴的曲线	评价指标
AUC评价指标	ROC曲线下面的面积就是AUC，通过计算AUC可以评估模型在分类任务上的性能。AUC值越高，说明模型在分类任务上的性能就越好	评价指标
泛化性	模型在未知数据上的表现能力，通过评估模型的泛化能力可以评估模型在未知数据上的泛化能力和预测能力	评价指标

续表

常用语	释　义	环境/项目
鲁棒性	模型在面对异常值、缺失值、噪声等干扰时的表现，通过评估模型的鲁棒性可以评估模型在处理不稳定数据时的表现	评价指标
多样性/丰富度	模型输出结果在不同方面、不同程度上的表现多样性。通过对多样性的评估，我们可以更全面地了解模型的性能和特点，从而选择最适合任务需求的模型	评价指标
Cohen's Kappa	一种用于评估信度的统计量，通常用于评估测量工具、模型或观察结果的一致性。它是通过计算两个或多个评分者之间的一致性来评估的。如果两个评分者对同一个项目的评分非常接近，Cohen's Kappa 值就会很高。相反，如果两个评分者的评分相差很大，Cohen's Kappa 值就会很低	评价指标
Scott's Pi	一个数学上的概念，是指一个三维的有理点集，其中，每个点都可以表示为 3 个坐标值（x, y, z）的有理线性组合。Scott's Pi 在计算机科学和数学中有着广泛的应用。例如，在图像处理领域中，我们可以使用 Scott's Pi 来计算图像中每个像素点的位置；在计算机视觉领域中，我们可以使用 Scott's Pi 来进行图像分割、特征提取等任务；在机器学习领域中，我们可以使用 Scott's Pi 来进行监督学习、无监督学习等任务	评价指标
Fleiss' Kappa	一种用于评估信度的统计量，通常用于评估测量工具、模型或观察结果的一致性。它不是一种绝对一致性的评价标准，而是基于排除偶然误差的一致性，并且对存在大量偶然误差的信息更为敏感	评价指标